JavaScript
基礎必修課

含ITS JavaScript 國際認證模擬試題

作者序

　　JavaScript 是網頁瀏覽器程式腳本語言，主要用來在 HTML 頁面中加入網頁與使用者間的互動行為。透過「DOM 文件物件模型」和「BOM 瀏覽器物件模型」，JavaScript 可以操作網頁結構和瀏覽器，被大多數網站所使用，也為各主流瀏覽器所支援。JavaScript 是廣泛應用於網路前端和後端開發的程式設計語言，為開發人員的首選工具之一。適合用來開發網路應用程式、行動裝置應用程式、網路後端、網路遊戲、AI 人工智能、物聯網、瀏覽器外掛程式...等相關應用。

　　本書有別於一般市面書籍，是由微軟 MVP、教授 ITS 認證、JavaScript 課程、以及 ITS JavaScript 認證專家群，針對初學網路應用程式設計所應具備的基本素養，精心編寫的 JavaScript 入門教科書。

　　由於 JavaScript 功能眾多而且強大，並非僅用一本書就能完整介紹。本書主要針對 JavaScript 程式基本語法、資料類型、選擇與重複結構、函式、內建物件、文件與瀏覽器物件模型、事件處理、網頁儲存、AJAX 非同步與 JSON、以及使用 ChatGPT 協作等部分做介紹。內容由淺入深、循序漸進，讓初學者由範例練習中學習到程式設計的精神與技巧，了解 JavaScript 的運作原理。書中利用大量的簡例說明並引申教材，所舉的實作範例淺顯易懂且具代表性和實用性，非常適合教學和自學。

　　本書各章內容融入微軟 ITS JavaScript 認證的相關觀念，並將 ITS JavaScript 認證內容加入簡例和實作範例中，以達到活學活用效果。此外於附錄 A、B 提供兩組完整的 ITS JavaScript 認證模擬試題，以供讀者練習以達相輔相成之效，是初學 JavaScript 程式設計，以及想順利通過 ITS JavaScript 認證的最佳書籍，也是教師授課的好教材。

　　為方便教學，本書另提供教學投影片，採用本書授課教師可向碁峰業務索取，同時系列書籍於「程式享樂趣」YouTube 頻道 https://www.youtube.com/@happycodingfun 每週分享補充教材與新知，以利初學者快速上手。讀者可透過 itPCBook@gmail.com 信箱詢問本書相關的問題。

　　本書雖經多次精心校對，難免百密一疏，感謝熱心的讀者先進不吝指正，使本書內容更趨紮實和正確。感謝周家旬與廖美昭細心排版與校稿，以及碁峰同仁的鼓勵與協助，使得本書得以順利出版。在此聲明，本書中所提及相關產品名稱皆各所屬該公司之註冊商標。

微軟最有價值專家/僑光科技大學多媒體與遊戲設計系副教授 蔡文龍
ITS JavaScript 認證專家 何嘉益、張志成、張力元 編著
2024.1.20 於台中

目錄

Chapter 1　JavaScript 初體驗

1.1　JavaScript 的起源與發展...1-1

1.2　JavaScript 的特性與優勢...1-2

1.3　JavaScript 的應用場景..1-4

1.4　程式的編輯與瀏覽..1-5

　　1.4.1　編輯含 JavaScript 程式碼的 HTML 文件..............................1-5

　　1.4.2　儲存 HTML 文件檔案..1-7

　　1.4.3　瀏覽 HTML 文件內容..1-8

　　1.4.4　將 JavaScript 程式文件編寫成外部檔案..............................1-9

1.5　開發工具的介紹與使用..1-11

　　1.5.1　VS Code 的介紹與安裝..1-11

　　1.5.2　VS Code 擴充套件..1-14

　　1.5.3　VS Code 的設定..1-15

　　1.5.4　VS Code 的使用..1-17

1.6　JavaScript 與 HTML、CSS 互動...1-22

1.7　JavaScript 撰寫慣例..1-23

　　1.7.1　將 HTML、CSS 和 JavaScript 寫成一個文件......................1-23

　　1.7.2　將 CSS 和 JavaScript 寫成外部檔案..................................1-25

Chapter 2　基本語法

2.1　敘述的構成要素..2-1

　　2.1.1　敘述常使用的語法..2-1

　　2.1.2　識別項..2-3

　　2.1.3　關鍵字..2-4

2.2 常值與資料型別 2-6

2.3 變數 2-8

2.4 常數 2-10

2.5 運算式 2-10

   2.5.1 運算子與運算元 2-10

   2.5.2 算術運算子 2-11

   2.5.3 合併運算子 2-11

   2.5.4 指定運算子 2-12

   2.5.5 關係運算子 2-12

   2.5.6 邏輯運算子 2-13

   2.5.7 遞增/遞減 運算子 2-15

   2.5.8 運算子優先順序和順序關聯性 2-15

2.6 資料型別轉換 2-16

2.7 輸出入介面 2-17

   2.7.1 document.write( ) 方法 2-17

   2.7.2 console.log( ) 方法 2-19

   2.7.3 window.prompt( ) 方法 2-21

   2.7.4 window.alert( ) 方法 2-22

   2.7.5 逸出字元 (escaping characters) 2-23

2.8 常用 HTML 表單元件 2-26

   2.8.1 <input> 元素 2-26

   2.8.2 <textarea> 元素 2-30

2.9 JavaScript 與表單互動 2-31

Chapter 3 選擇結構

3.1 認識選擇結構 3-1

3.2 if 選擇結構 3-2

   3.2.1 條件運算式 3-2

   3.2.2 單向選擇結構 3-3

3.2.3 雙向選擇結構 3-5

　　　3.2.4 條件運算子 3-6

　　　3.2.5 巢狀選擇結構 3-7

　　　3.2.6 if … else if … else 選擇結構 3-9

　3.3 switch 選擇結構 3-12

Chapter 4　重複結構

　4.1 認識重複結構 4-1

　4.2 for 重複結構 4-2

　　　4.2.1 for 迴圈 4-2

　　　4.2.2 for … in 迴圈 4-4

　　　4.2.3 for … of 迴圈 4-5

　4.3 while 重複結構 4-6

　　　4.3.1 前測式條件迴圈 4-7

　　　4.3.2 後測式條件迴圈 4-8

　4.4 巢狀迴圈 4-9

　4.5 break、continue 4-11

　　　4.5.1 break 4-11

　　　4.5.2 continue.. 4-12

　　　4.5.3 跳躍敘述與 label 4-13

Chapter 5　陣列

　5.1 認識陣列 5-1

　5.2 陣列的宣告及使用 5-2

　　　5.2.1 如何宣告陣列 5-2

　　　5.2.2 如何存取陣列元素值 5-3

　　　5.2.3 使用迴圈存取陣列的內容..5-4

　5.3 陣列的常用方法 5-7

　　　5.3.1 陣列與字串轉換 5-7

5.3.2 陣列元素排序 ⋯⋯⋯⋯⋯⋯⋯⋯⋯⋯⋯⋯⋯⋯⋯ 5-8

5.3.3 增刪一個陣列元素 ⋯⋯⋯⋯⋯⋯⋯⋯⋯⋯⋯⋯ 5-9

5.3.4 增刪多個陣列元素 ⋯⋯⋯⋯⋯⋯⋯⋯⋯⋯⋯ 5-11

5.3.5 走訪陣列元素 ⋯⋯⋯⋯⋯⋯⋯⋯⋯⋯⋯⋯⋯⋯ 5-13

5.3.6 搜尋陣列元素 ⋯⋯⋯⋯⋯⋯⋯⋯⋯⋯⋯⋯⋯⋯ 5-14

5.4 二維陣列 ⋯⋯⋯⋯⋯⋯⋯⋯⋯⋯⋯⋯⋯⋯⋯⋯⋯⋯⋯5-17

5.5 範例實作 ⋯⋯⋯⋯⋯⋯⋯⋯⋯⋯⋯⋯⋯⋯⋯⋯⋯⋯⋯5-20

Chapter 6 函式與內建物件

6.1 認識函式 ⋯⋯⋯⋯⋯⋯⋯⋯⋯⋯⋯⋯⋯⋯⋯⋯⋯⋯⋯ 6-1

6.2 頂層函式 ⋯⋯⋯⋯⋯⋯⋯⋯⋯⋯⋯⋯⋯⋯⋯⋯⋯⋯⋯ 6-2

6.3 自定函式 ⋯⋯⋯⋯⋯⋯⋯⋯⋯⋯⋯⋯⋯⋯⋯⋯⋯⋯⋯ 6-5

6.3.1 函式宣告 ⋯⋯⋯⋯⋯⋯⋯⋯⋯⋯⋯⋯⋯⋯⋯⋯ 6-6

6.3.2 函式的參數 ⋯⋯⋯⋯⋯⋯⋯⋯⋯⋯⋯⋯⋯⋯ 6-9

6.4 變數的有效範圍 ⋯⋯⋯⋯⋯⋯⋯⋯⋯⋯⋯⋯⋯⋯⋯6-15

6.5 內建物件 ⋯⋯⋯⋯⋯⋯⋯⋯⋯⋯⋯⋯⋯⋯⋯⋯⋯⋯⋯6-18

6.6 範例實作 ⋯⋯⋯⋯⋯⋯⋯⋯⋯⋯⋯⋯⋯⋯⋯⋯⋯⋯⋯6-23

Chapter 7 文件物件模型(一)

7.1 DOM 簡介 ⋯⋯⋯⋯⋯⋯⋯⋯⋯⋯⋯⋯⋯⋯⋯⋯⋯⋯ 7-1

7.2 取得元素節點 ⋯⋯⋯⋯⋯⋯⋯⋯⋯⋯⋯⋯⋯⋯⋯⋯ 7-3

7.3 存取元素的屬性內容 ⋯⋯⋯⋯⋯⋯⋯⋯⋯⋯⋯⋯⋯7-10

7.3.1 文本屬性 ⋯⋯⋯⋯⋯⋯⋯⋯⋯⋯⋯⋯⋯⋯⋯ 7-10

7.3.2 元素的屬性 ⋯⋯⋯⋯⋯⋯⋯⋯⋯⋯⋯⋯⋯ 7-15

7.4 走訪節點 ⋯⋯⋯⋯⋯⋯⋯⋯⋯⋯⋯⋯⋯⋯⋯⋯⋯⋯ 7-18

7.5 管理節點 ⋯⋯⋯⋯⋯⋯⋯⋯⋯⋯⋯⋯⋯⋯⋯⋯⋯⋯ 7-23

7.5.1 新增節點 ⋯⋯⋯⋯⋯⋯⋯⋯⋯⋯⋯⋯⋯⋯⋯ 7-23

7.5.2 插入節點 ⋯⋯⋯⋯⋯⋯⋯⋯⋯⋯⋯⋯⋯⋯⋯ 7-27

7.5.3 取代節點 7-28

7.5.4 移除節點 7-29

Chapter 8 文件物件模型(二)

8.1 存取表單元件 8-1

8.1.1 按鈕 8-1

8.1.2 onclick 事件屬性 8-3

8.1.3 文字欄位 8-5

8.1.4 選項按鈕 8-9

8.1.5 核取方塊 8-11

8.1.6 下拉式清單 8-13

8.2 CSS 的套用方式 8-15

8.3 CSS 樣式表宣告 8-18

8.4 JavaScript 操作 CSS 樣式表 8-21

Chapter 9 事件處理(一)

9.1 認識事件驅動程式設計 9-1

9.2 事件處理函式 9-2

9.2.1 行內模型 9-3

9.2.2 傳統模型 9-4

9.2.3 標準事件模型 9-6

9.2.4 移除事件函式 9-8

9.3 事件流與事件傳播 9-10

9.3.1 事件氣泡傳播 9-11

9.3.2 事件捕捉 9-13

Chapter 10 事件處理(二)

10.1 Event 物件 10-1

10.1.1 Event 物件的屬性 10-1

10.1.2 Event 物件的方法 10-3

10.2 事件種類 10-6

10.2.1 瀏覽器事件 10-6

10.2.2 滑鼠事件 10-8

10.2.3 鍵盤事件 10-11

10.2.4 表單事件 10-11

Chapter 11　瀏覽器物件模型

11.1 認識瀏覽器物件模型 11-1

11.2 Window 物件 11-2

11.2.1 Window 物件常用屬性 11-2

11.2.2 Window 物件常用方法 11-4

11.3 Screen 物件 11-7

11.4 Navigator 物件 11-9

11.5 Location 物件 11-11

11.5.1 Location 物件常用屬性 11-12

11.5.2 Location 物件常用方法 11-12

11.6 History 物件 11-13

11.7 Document 物件 11-15

11.8 範例實作 11-17

Chapter 12　儲存網頁資料

12.1 如何儲存網頁資料 12-1

12.2 儲存 Cookie 資料 12-3

12.2.1 Cookie 簡介 12-3

12.2.2 Cookie 物件的常用屬性 12-3

12.2.3 Cookie 物件的常用操作方法 12-6

12.3 本機儲存 12-8

12.3.1 本機儲存簡介 12-8

12.3.2 localStorage 物件的常用屬性與方法 12-9

12.4 通信期儲存 12-13

12.4.1 通信期儲存簡介 12-13

12.4.2 sessionStorage 物件的常用屬性與方法 12-13

12.5 範例實作 12-15

Chapter 13 JSON 與 AJAX

13.1 JSON 簡介 13-1

13.2 JavaScript 讀取 JSON 13-2

13.3 AJAX 簡介 13-4

13.4 AJAX 非同步存取 JSON 13-5

13.5 AJAX 非同步存取開放資料 13-12

Chapter 14 使用 ChatGPT 協作開發 JavaScript

14.1 ChatGPT 聊天初體驗 14-1

14.2 ChatGPT 協作開發 JavaScript 14-4

附錄 A ITS JavaScript 國際認證模擬試題【A 卷】

附錄 B ITS JavaScript 國際認證模擬試題【B 卷】

附錄 C JavaScript 內建物件與常用方法

附錄 D ChatGPT 的優缺點、註冊與使用方法 電子書，請線上下載

▶下載說明

本書範例檔、附錄試題解答請至以下碁峰網站下載
http://books.gotop.com.tw/download/AEL026700，其內容僅
供合法持有本書的讀者使用，未經授權不得抄襲、轉載或任意散佈。

JavaScript 初體驗

1.1 JavaScript 的起源與發展

JavaScript (簡稱為 JS) 是網頁瀏覽器程式腳本 (script) 語言,主要用來在 HTML 網頁中添加網頁與使用者的互動行為。它被大多數網站所使用,也被主流瀏覽器 (Google Chrome、Mozilla Firefox、Microsoft Edge、Apple Safari、Opera、Brave…) 所支援。

1995 年在網景 (NetScape) 公司任職的 Brendan Eich,參考 C 語言的語法、Java 語言的數據類型和記憶體管理、Scheme 的函式編程、Self 語言的原型繼承機制…,針對 Netscape Navigator 瀏覽器的應用而設計出來一個網頁程式腳本語言,並將語言名稱命名為「Mocha」。但在同年 5 月 Netscape Navigator 2.0 的 Beta 版中被改名為「LiveScript」,由於當時很多人都十分喜歡 Java 語言,NetScape 公司為了行銷需要在同年 12 月將語言名稱改為「**JavaScript**」。

在 1996 年,微軟 (Microsoft) 也加入瀏覽器腳本語言的競爭,為其 Internet Explorer 瀏覽器開發類似的腳本語言,命名為「JScript」。儘管語法和功能與 JavaScript 相似,但是仍存在一些微小的差異。

1996 年 11 月，網景 (NetScape) 為了使 JavaScript 在不同瀏覽器中保持一致性，向 ECMA (歐洲電腦製造商協會) 提交語言標準。在 1997 年 6 月，ECMA 以 JavaScript 語言為基礎制定了「ECMAScript」標準化規範 ECMA-262 (也稱為「ES1」)，為 JavaScript 語言訂定了語法規範。

在 1998 年，隨著 JavaScript 在前端開發中的作用不斷增加，其中「文件物件模型」(Document Object Model) (簡稱 DOM) 和「瀏覽器物件模型」(Browser Object Model) (簡稱 BOM) 的概念開始發展，使開發人員可以透過 JavaScript 操作和控制網頁的結構和瀏覽器視窗的功能。

在 2006 年，jQuery 發佈一套跨瀏覽器的 JavaScript 函式庫，對瀏覽器開發和 DOM 操作有極大幫助，即簡化 HTML 與 JavaScript 之間的操作。

隨著時間的推移，JavaScript 經歷多次版本更新和改進。在 1999 年發佈 ECMAScript 3、在 2009 年發佈 ECMAScript 5，在 2015 年發佈大幅度改版的 ECMAScript 2015 (簡稱為 ES6)。之後 ECMAScript 每年發佈一個小改變的版本，陸續引入了許多新特性和語法改進，保持 JavaScript 的現代性和競爭力，使 JavaScript 變得更加強大、靈活和適用各種應用場景。

1.2 JavaScript 的特性與優勢

JavaScript 是一門廣泛應用於網路前端和後端開發的程式設計語言，為開發人員的首選工具之一。下面是 JavaScript 的特性和優勢的綜合概述：

一. 特性：

1. **直譯式語言**：JavaScript 是網頁瀏覽器解釋腳本語言，執行時期程式碼不會預先進行編譯，而是由瀏覽器內建的 JavaScript 直譯器從頭逐列解釋後，再執行該程式的語言。

2. **動態類型**：JavaScript 是動態型別語言，變數的資料型別在執行時才決定，使得程式開發更加靈活。

3. **事件驅動**：JavaScript 基於事件模型，可以對使用者操作和瀏覽器事件做出回應，實現互動性。

4. **函式**：函式可以賦值給變數作為參數傳遞，和從函式中傳回運算結果。

5. **物件導向程式設計 (OOP)**：JavaScript 支援使用原型繼承來建立物件，ES6 引入類別和物件概念，提供了建立物件、封裝、繼承和多型等 OOP 的基本概念和特性。

6. **非同步程式設計**：JavaScript 基於事件循環機制，支援非同步操作，透過回調函式、Promise、async/await 等機制來處理非阻塞操作。

7. **靈活的語法**：JavaScript 的語法相對靈活，開發人員可以採用不同的程式設計風格，從物件導向到函式程式設計。

8. **輕鬆操作 DOM**：JavaScript 可以操作網頁的 DOM，實現網頁內容和結構的修改與互動性。

9. **自動記憶體管理**：JavaScript 具有自動垃圾回收機制，簡化記憶體管理，減輕開發人員對記憶體管理的負擔。

二. 優勢：

1. **跨平台廣泛應用**：JavaScript 可以應用於前端、後端、行動應用等多個領域，可和其他 Web 開發架構和語言搭配使用。JavaScript 讓應用程式開發平台具有獨立性，實現全端開發。

2. **豐富的系統易於學習和使用**：JavaScript 包含豐富的程式庫、框架和工具，如 React、Vue、Node.js，加速開發流程。

3. **快速開發**：JavaScript 的靈活性和動態型別特性，使開發人員能夠迅速構建原型和功能。

4. **強大的互動性**：JavaScript 能夠為使用者介面提供高度的互動性，提升用戶體驗。

5. **大型社群和資源**：JavaScript 擁有龐大的開發者社群，提供豐富的文件、教學和支援。

6. **現代化更新**：ECMAScript 標準每年更新，引入新特性，使 JavaScript 保持最新的技術狀態。

1.3 JavaScript 的應用場景

JavaScript 可用於開發許多不同類型的應用場景，涵蓋了前端、後端、行動、桌面等多個領域。以下是 JavaScript 可以開發的應用場景範例：

1. **網頁前端開發**：JavaScript 在網頁前端開發中發揮著關鍵作用，用於實現互動性、動態內容、用戶介面效果、表單驗證…等。

2. **Web 應用開發**：JavaScript 適用於開發各種類型的 Web 應用，包括單頁面應用 (SPA)、社群媒體平台與電子商務網站…等。

3. **行動應用開發**：使用技術如 React Native、Flutter 或 Ionic，開發人員可以使用 JavaScript 構建跨平台的行動應用程式，適用於 iOS、Android 和其他行動平台。

4. **後端開發**：使用 Node.js，開發人員可以將 JavaScript 用於伺服器端程式設計。Node.js 提供了一個高性能執行環境，適用於構建 Web 伺服器、API 服務應用…等。

5. **遊戲開發**：JavaScript 可以用於開發基於瀏覽器的 Web 遊戲，也可以使用遊戲引擎如 Phaser、Three.js 來開發更複雜的遊戲。

6. **瀏覽器擴展和外掛程式**：JavaScript 可以用於開發瀏覽器擴展和外掛程式，增強瀏覽器的功能和特性。

7. **數據可視化**：使用 JavaScript 的程式庫和框架，如 D3.js、Chart.js，開發人員可以將數據轉化為各種圖表和可視化效果。

8. **API 開發**：JavaScript 可以用於構建 RESTful API 和其他後端服務，用於支援 Web 、行動應用和其他應用程式，提供數據支援。

9. **物聯網(IoT)**：使用 JavaScript，開發人員可以連接和控制物聯網設備，將物理世界與互聯網連接起來。

10. **桌面應用**：使用 Electron 框架，開發人員可以使用 JavaScript 建立跨平台的桌面應用程式，適用於 Windows、macOS 和 Linux 等作業系統。

11. **機器學習和數據科學**：JavaScript 的程式庫和框架，如 TensorFlow.js 和 Brain.js ，可用於在瀏覽器中進行機器學習和數據科學工作。

1.4　程式的編輯與瀏覽

網頁是由 HTML (Hyper Text Markup Language) 語言組成，HTML 是用標籤來架構網頁的外觀。HTML 文件用來定義網頁的內容，是純文字格式的檔案，副檔名為 .html 或 .htm。而 JavaScript 程式文件是用來設定網頁的互動行為，也是純文字格式，其程式碼可以寫在 HTML 文件內，也可以寫成外部檔案另外獨立存放，JavaScript 文件的副檔名為 .js。

先在硬碟建立一個本書專用的工作資料夾「js」，並在「js」資料夾中再建立一個本章專屬的「ch01」資料夾。

1.4.1 編輯含 JavaScript 程式碼的 HTML 文件

編輯純文字格式的文件，最簡單就是使用 Windows 內建的「記事本」應用程式，我們現在就使用「記事本」，來撰寫第一個 JavaScript 程式 (內含於 HTML 文件內)。所要撰寫的 HTML 文件的文字檔內容如下：(行號為說明需要，撰寫時不可輸入。)

程式碼

```
01 <!DOCTYPE html>
02 <html>
03   <head>
04     <meta charset="utf-8">
05     <title>範例</title>
06   </head>
07   <body>
08     <script>
09       document.write('Hi! JavaScript');
10     </script>
11   </body>
12 </html>
```

説明

1. 第 1 行：是 HTML 文件開頭的聲明，告訴瀏覽器使用 HTML5 的解析規則來處理。

2. 第 2~12 行：整份 HTML 文件是包含在 <html> … </html> 標籤中，它是 HTML 文件的根元素，在內部可以包含 <head>、<body> 標籤元素。

3. 第 3~6 行：<head> … </head> 標籤元素，為網頁資訊區域。用於定義設置網頁標題 (如第 5 行設定網頁標題為「範例」)、連結到外部樣式表、引用外部腳本、設置字元編碼 (如第 4 行指定「utf-8」編碼系統) 等。

4. 第 7~11 行：<body> … </body> 標籤元素，為網頁內容區域。包含了網頁的主要內容，如：文本、圖像、連結、段落、標題、清單等。大部分網頁內容都位於此元素中。

5. 第 8~10 行：<script> … </script> 標籤元素，為撰寫 JavaScript 程式碼的區域。瀏覽器會使用直譯器來執行 <script> 元素內的程式。<script> 元素內的程式語法是 JavaScript，不是 HTML 語法。

6. 第 9 行：為 JavaScript 程式敘述 document.write('Hi! JavaScript');，功能是將兩個單引號'' 內的字串內容「Hi! JavaScript」顯示在網頁上。

1.4.2 儲存 HTML 文件檔案

使用「記事本」撰寫上面的 HTML 文件畫面如下圖：

完成 HTML 文件撰寫後，執行功能表的 [檔案 / 儲存檔案] 指令來儲存檔案。這時在開啟的「另存新檔」對話方塊中，依下圖所示順序操作：

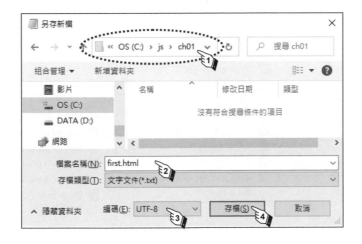

🔍 **説明**

① 選取要儲存文件檔案的資料夾，本例將存放到「C:\js\ch01」。該資料夾須事先建立或儲存時新增。

② 輸入「first.html」為本文件的檔案名稱。HTML 文件檔的副檔名為 .html 或 .htm。

③ 設定「編碼(E)」欄為「UTF-8」。使檔案儲存時採用「Unicode」字元
　編碼系統。

④ 按 　存檔(S)　 鈕,進行存檔動作。

1.4.3 瀏覽 HTML 文件內容

　　瀏覽器是展示 HTML 文件所設計的網頁工具,目前市面上主流的瀏覽
器皆支援 HTML 的語法。本書選擇使用 Google Chrome 瀏覽器,來顯現
HTML 文件內容。使用時,先開啟 HTML 文件檔案所在資料夾,在該檔案
處按滑鼠右鍵,然後選取快捷功能表的 [開啟檔案 / Google Chrome] 指令。

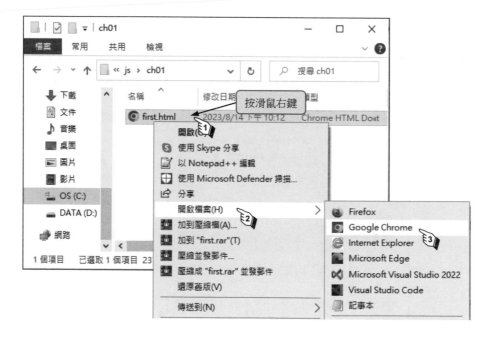

　　使用 Google Chrome 瀏覽器來呈現本範例 HTML 文件的網頁內容,結
果如下圖。

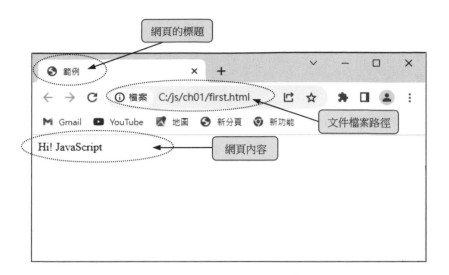

1.4.4 將 JavaScript 程式文件編寫成外部檔案

前面的 HTML 文件檔「first.html」，使用 <script> ... </script> 標籤元素內嵌 JavaScript 程式碼。而這內嵌的 JavaScript 程式碼也可以另外寫成文字檔，但這獨立存放的 JavaScript 程式碼文件，其副檔名為 .js。

我們仍用「記事本」，來將前面的 HTML 文件檔「first.html」，改成下面的程式碼，並以「second.html」為檔名另存新檔。

程式碼　FileName : second.html

```
01  <!DOCTYPE html>
02  <html>
03    <head>
04      <meta charset="utf-8">
05      <title>範例</title>
06    </head>
07    <body>
08      <script src="second.js"></script>
09    </body>
10  </html>
```

↻ 說明

1. 第 8 行：使用 `<script>` 元素的 src 屬性來設定要連結的 JavaScript 外部
   檔案「second.js」。

接著我們再用「記事本」，來將前面「first.html」文字檔所內嵌的
JavaScript 程式碼另外撰寫成「second.js」文字檔，做為「second.html」網
頁所要連結的外部檔案。

程式碼 FileName：second.js

```
01   document.write('Hi! JavaScript');
```

當上面兩個文字檔「second.html」和「second.js」皆撰寫完成且儲存完
畢後。使用 Google Chrome 瀏覽器來顯現「second.html」文件內容。

 1. 若 JavaScript 的程式敘述不多，可以將 JavaScript 的程式碼嵌入到
   HTML 文件內。若 JavaScript 的程式敘述很多，建議將 JavaScript
   程式碼另外寫成外部檔案，提供給 HTML 文件連結使用。

2. 有連結關係的 .html 文件檔和 .js 文件檔，主檔名可以不相同。將主
   檔名取相同名稱，純粹是為方便辨識。

1.5 開發工具的介紹與使用

HTML 文件 (.html) 和 JavaScript 程式碼文件 (.js) 皆是純文字格式的檔案，上一節我們使用最簡易的文字編輯器「記事本」來撰寫。此外，有其它常用的文字編輯器，如：Visual Studio Code、Notepad++、Sublimb Text、Atom…，也是受到廣泛設計師的喜愛。從本節開始，本書所有的範例程式文件皆使用 Visual Studio Code 來編輯。

1.5.1 VS Code 的介紹與安裝

Visual Studio Code (簡稱 VS Code)，是一款由 Microsoft 開發的免費、輕量級程式碼編輯器。它被設計用於提供豐富的程式碼編輯功能，以及對多種程式設計語言和技術的支援。具有下列特點：

1. **跨平台支援**：VS Code 可以在 Windows、macOS 和 Linux 作業系統上運行，提供了一致的用戶體驗。

2. **內置終端**：VS Code 整合了內置的命令行終端，使開發人員可以在編輯器中執行命令、調試程式、除錯程式碼…等。

3. **智慧感知**：VS Code 提供智慧的代碼補全功能，能夠根據上下文推斷變數和方法，並提供建議。

4. **多語言支援**：VS Code 支援多種程式設計語言，包括 HTML、CSS、JavaScript、Python、Java、C++、C#…等，透過外掛程式擴展可支援更多語言。

Visual Studio Code 的下載網址為 https://code.visualstudio.com ，其下載畫面及過程如下所示：

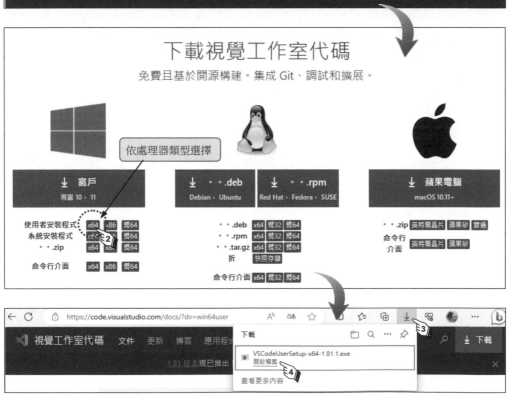

開啟 VS Code 安裝程式 VSCodeUserSetup-x64-1.81.1.exe (該軟體隨時間會推出新版本，可依需求下載新版) 進行如下安裝：(僅摘取部份關鍵畫面)

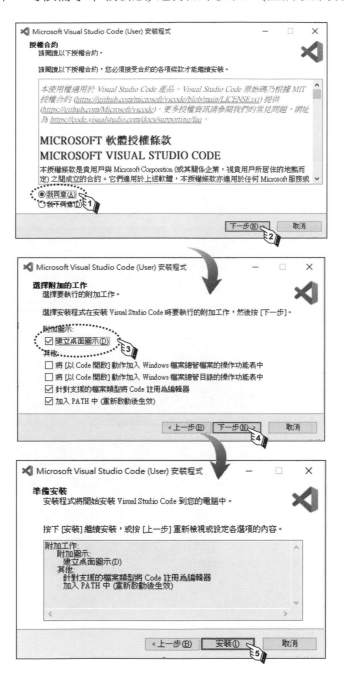

1.5.2 VS Code 擴充套件

　　由於 VS Code 是輕量級程式碼編輯器，安裝完畢後必須再載入延伸模組，安裝功能套件後才能順利使用。我們先來擴充兩項套件功能。

1. 安裝繁體中文套件：

　　VS Code 預設是英文版環境，但官方有提供各國的語言套件，讓開發人員可以自行安裝。安裝繁體中文套件時，可到 VS Code 環境左方功能表點選 (Extensions 延伸模組) 圖示鈕，然後輸入「Chinese」搜尋，選取「Chinese 中文(繁體)」項目，在右方即會出現相關介紹，此時按下 Install 鈕及 Change Language and Restart 鈕就會安裝中文語系套件。

　　若面對 VS Code 是中文環境不適應時，可按 Ctrl + ⇧ Shift + P 鍵在兩語系之間做切換。

2. 安裝內置瀏覽器：

本書選擇使用 Google Chrome 瀏覽器來顯現 HTML 文件內容。我們可點選 圖示鈕，然後輸入「Open Browser Preview」搜尋，選取「Open Browser Preview」項目，在右方即會出現相關介紹，此時按下 Install 鈕就能安裝此套件。

1.5.3 VS Code 的設定

一. 建立工作區：

開啟 VS Code 編輯器後，執行主功能選單 [檔案 / 開啟資料夾] 指令。

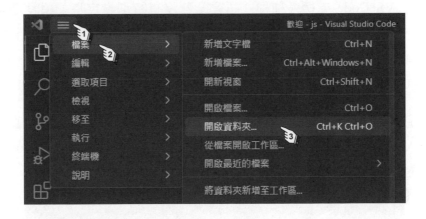

在「開啟資料夾」對話方塊中選取要放入工作區的資料夾，如：本書專用的資料夾「js」。工作區儲存好之後，到 VS Code 環境左方功能表點選 (檔案總管 Explorer) 圖示鈕，在「檔案總管」窗格內出現剛剛開啟的工作區資料夾。

二. 設定文件的預設格式：

因為 VS Code 支援多種程式語言，若沒有特別設定時，預設是開啟純文字檔。但基於開發上的需要，開發人員會將之改成常用的文件格式，如：網頁設計預設格式是 HTML、程式設計預設格式是 PHP、C#、Java … 等，VS Code 編輯器可以根據需要去調整。

設定方式為執行主功能表 [檔案 / 喜好設定 / 設定] 指令，接著在搜索欄位輸入「default language」，再往下尋找到「Files: Default Language」項目欄位內，輸入本書範例所編輯的文件格式「html」，如下圖：

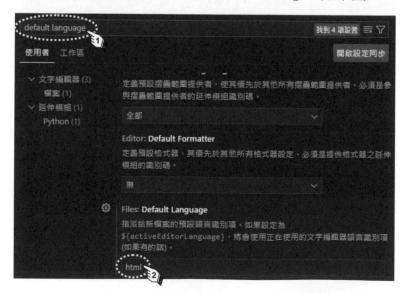

三. 調整文件字級大小：

由於 VS Code 是微軟所開發，預設的字級都是以西方文字符號為主，而且各種電腦的螢幕尺寸不同，解析度也不一樣。如果文字內容有中文內容時，編輯者往往會調整一個適合自己閱讀的字級。

調整方式為執行主功能選單 [檔案 / 喜好設定 / 設定] 指令，接著在搜索欄位輸入「font size」，接著尋找到「Editor: Font Size」項目欄位內，輸入電腦螢幕合適的閱讀的字級，如下圖：

1.5.4 VS Code 的使用

當 VS Code 的基本設定完成後，現在編輯器為中文環境、文件格式「.html」。接著我們來撰寫一個內嵌 JavaScript 的 HTML 文件「welcome.html」。過程如下：

一. 開啟資料夾：

開啟 VS Code 編輯器後，執行主功能選單 [檔案 / 開啟資料夾] 指令。

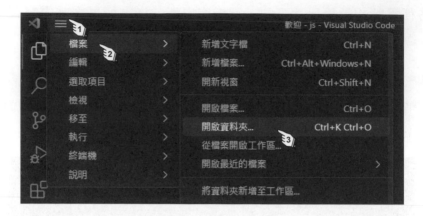

在「開啟資料夾」對話方塊中選取要放入工作區的資料夾 (如：本章專用的資料夾「ch01」)。點選  (檔案總管 Explorer) 圖示鈕，在「檔案總管」窗格內出現開啟的工作區資料夾。

二. 新增文字檔：

執行主功能表 [檔案 / 新增文字檔] 指令。VS Code 會在右窗格文件編輯區出現預設檔名為「Untitled-1」的空白文件，等待您撰寫程式碼。

三. 編輯文件：

　　現在我們先鍵入 HTML 文件的第一行敘述 `<!DOCTYPE html>`。在鍵入敘述的過程中，因 VS Code 具有智慧感知的功能，會出現我們可能需要的代碼。此時用 👆 指標點選所需項目，系統會自動將該程式碼填上。

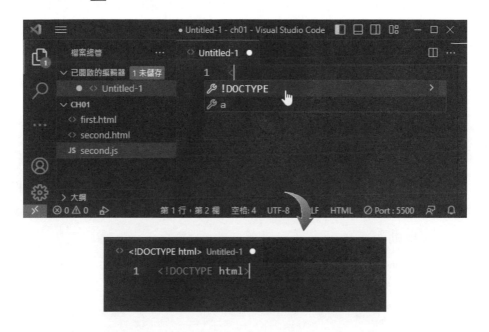

　　完整的程式碼如下，請依序鍵入到 VS Code 文件編輯區內。

程式碼

```
01  <!DOCTYPE html>
02  <html>
03    <head>
04      <meta charset="utf-8">
05      <title>範例</title>
06    </head>
07    <body>
08      <script>
09        window.alert('JavaScript 歡迎您');
10      </script>
11      <h1> 請多多指教 </h1>
```

```
12     </body>
13   </html>
```

說明

1. 第 8~10 行：<script> 元素，為撰寫 JavaScript 程式碼的區域。其中第 9 行為 JavaScript 程式敘述 `window.alert('JavaScript 歡迎您');`。

2. `window.alert(字串);` 功能是在網頁上顯示一個訊息框，括號 ( ) 內的字串是訊息文字。

3. 第 11 行：屬於 HTML 程式碼。會在 JavaScript 程式出現訊息框後，HTML 程式接著在網頁上顯現「請多多指教」文本。

四. 儲存文件：

執行主功能表 [檔案 / 儲存] 指令，開啟「另存新檔」對話方塊。將檔案名稱由預設檔名「Untitled-1.html」改成「welcome.html」，按 存檔(S) 鈕，進行存檔動作。

Tips 因已經有設定文件的預設格式為「html」，所以存檔時會自動給予副檔名「.html」。若是要編輯 JavaScript 程式碼文件時，則必須要將副檔名改為「.js」。

存檔完成後，VS Code 的「檔案總管」和「文件編輯區」皆出現「welcome.html」文件檔名。

五. 瀏覽網頁內容：

在文件編輯區「welcome.html」窗格內按一下滑鼠右鍵，選按快捷功能表「Preview in Default Browser」指令。

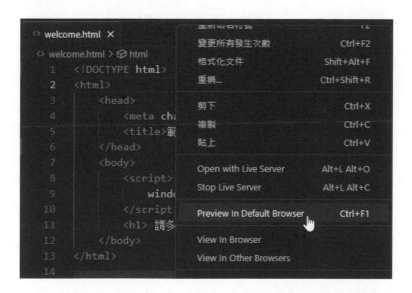

會開啟預設瀏覽器 Google Chrome 來顯示本範例 HTML 文件的網頁內容，結果先呈現第 9 行用 JavaScript 程式撰寫的訊息框。

在上圖點按 確定 鈕後訊息框消失,網頁才出現第 11 行用 HTML 程式撰寫的「請多多指教」字串。

1.6 JavaScript 與 HTML、CSS 互動

HTML、CSS 和 JavaScript 是構建網頁的三個常用的語言,他們之間的互動性是構建網頁和實現互動性的關鍵。其中 HTML 提供了網頁的基本結構,CSS 負責網頁頁面外觀和樣式,JavaScript 負責去控制網頁內容和使用者之間的操作行為。他們一起協作可以使得網頁能夠在瀏覽器中呈現出豐富的內容和動態行為。以下是它們如何一起協作的概述:

1. **HTML (結構)**:HTML 為超文本標記語言,是網頁的結構化基礎,提供了一個網頁的基本框架。它定義了網頁的內容,包括文本、圖像、連結、表單等。HTML 使用標籤元素來組織和表示網頁內容的各個部分。例如:<p> 表示段落、<img> 表示影像、<a> 表示連結...等。

2. **CSS (樣式)**：CSS 為階層樣式表，用於定義網頁的外觀和樣式。開發人員可以透過 CSS 選擇器和屬性，來設定 HTML 元素的文字、顏色、字體、間距、佈局等方面的樣式，調整網頁的外觀。

3. **JavaScript (行為)**：JavaScript 是一種腳本語言，用於為網頁添加互動性和動態行為。透過 JavaScript，開發人員可以對使用者的操作做出回應，如：按一下滑鼠鍵、鍵盤輸入⋯等。

　　本書是以教授 JavaScript 語言為主，但有些時候會需要 HTML 或 CSS 文件一起配合協作。讀者可能需要事先了解 HTML 與 CSS 的基本語法。

1.7　JavaScript 撰寫慣例

　　HTML、CSS 和 JavaScript 三者程式碼可以放在同一個 HTML 文件檔內，也可以個別獨立存放。若 CSS 或 JavaScript 的程式碼敘述很少，可寫在同一個 HTML 文件內；若 CSS 或 JavaScript 的程式碼敘述很多，建議各自撰寫存放，如此程式的維護比較容易，也可以供多個檔案重複使用。

1.7.1　將 HTML、CSS 和 JavaScript 寫成一個文件

🔽 **範例：**

　　將 HTML、CSS 和 JavaScript 直接嵌入到一個 HTML 檔中。當用滑鼠按一下網頁上的文字時，透過 JavaScript 來改變文字的字體大小。

程式碼　FileName：action.html

```
01  <!DOCTYPE html>
02  <html>
03    <head>
04      <title>互動範例</title>
05      <style>
06        .box {
07          font-size: 16px;
```

```
08          }
09      </style>
10    </head>
11    <body>
12      <p class="box" id="myBox" onclick="change()">點按此使文字放大</p>
13      <script>
14        function change() {
15          var big = document.getElementById('myBox');
16          big.style.fontSize = 40 + 'px';
17        }
18      </script>
19    </body>
20  </html>
```

執行結果

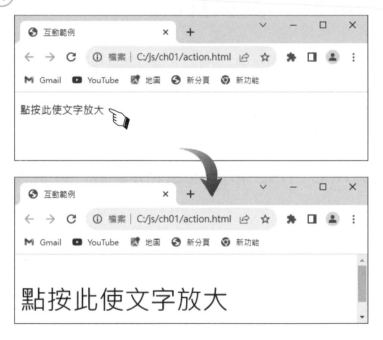

💭 說明

1. 本程式的內容對初學者而言，可能難度較高。對程式內容及說明不瞭解
   沒關係，在往後的章節會陸續介紹。本範例用意在呈現 HTML、CSS 和
   JavaScript 三者程式碼合體互動的情形。

2. 第 5~9 行：在 HTML 文件的 <head> 標籤中，將 CSS 的樣式設定在 style 標籤裡。其功能是將文字字體大小設為 16 px。

3. 第 12 行：<p> 元素是成對的容器標籤，可包含一個段落文字顯示在網頁，該文字內容為「點按此使文字放大」。<p> 元素有三個屬性設定：

   ① class 屬性的屬性值為 "box"。是要套用 CSS 的「.box」樣式 (第 6~8 行)，即使得 <p> 標籤元素顯示的文字字體大小為 16 px。

   ② id 屬性的屬性值為 "mybox"。HTML 文件每一個元素，皆是一個物件，而 id 是該物件的身分代號，id 屬性值具有唯一性。

   ③ onclick 是事件屬性，觸動該事件就執行由 JavaScript 程式所撰寫的 change() 函式 (第 14~17 行)，觸動的方式是按一下滑鼠左鍵。

4. 第 15~16 行：在 HTML 文件的 <script> 標籤中編寫 JavaScript 程式，這裡寫了一個 change() 函式。該函式被呼叫時，會執行下列動作：

   ① 第 15 行先宣告一個變數 big，再將 id 為 'mybox' 的物件 (<p> 元素) 指派給 big 變數。

   ② 第 16 行將 big 變數內的文字字體設為 40 px。使得 <p> 元素的文字字體大小由 16 px 變成 40 px，故網頁上顯示的文字字體變大了。

1.7.2 將 CSS 和 JavaScript 寫成外部檔案

前面的 HTML 文件檔「action.html」，使用 <style> 元素內嵌 CSS 程式碼，使用 <Script> 元素內嵌 JavaScript 程式碼。而這些內嵌的 CSS 和 JavaScript 程式碼可以另外寫成外部檔案。若將文件檔各自存放，則 HTML 檔案副檔名為 .html、CSS 檔案副檔名為 .css、JavaScript 檔案副檔名為 .js。

📥 範例：

用 VS Code 編輯區器將前面範例「action.html」中的 CSS 和 JavaScript 程式碼，分別寫成外部檔案，三個檔案分別取名為「action-2.html」、「action-2.css」、「action-2.js」。

程式碼 FileName : action-2.html

```
01 <!DOCTYPE html>
02 <html>
03   <head>
04     <title>互動範例</title>
05     <link rel="stylesheet" href="action-2.css">
06   </head>
07   <body>
08     <p class="box" id="myBox" onclick="change()">點按此使文字放大</p>
09     <script src="action-2.js"></script>
10   </body>
11 </html>
```

説明

1. 第 5 行： <link> 元素是用於在 HTML 文件中連結外部資源的標籤。
   ① rel 是連接的關係屬性，在這裡我們使用 stylesheet，表示這個連結與文檔有樣式關係，它告訴瀏覽器連結的資源是一個樣式表檔。
   ② href 是連接資源的 URL，指向外部的樣式表檔案路徑名稱。目前要連結的檔案 action-2.css 位於與 HTML 檔 action-2.html 相同的目錄。

2. 第 9 行： <script> 元素用於在 HTML 文件中連結外部 JavaScript 程式碼。其中 src 是指向外部 JavaScript 檔案的 URL。

程式碼 FileName : action-2.css

```
01 .box {
02   font-size: 16px;
03 }
```

程式碼 FileName : action-2.js

```
function change() {
  var big = document.getElementById('myBox');
  big.style.fontSize = 40 + 'px';
}
```

基本語法

2.1 敘述的構成要素

2.1.1 敘述常使用的語法

一. 結尾符號

JavaScript 的程式是由一行行的敘述 (statement) 組合而成，在每一行敘述的結尾處加上分號「;」做為識別。若沒加上分號「;」，程式執行時雖然不會產生錯誤，但能為敘述加結尾符號，是撰寫程式的良好習慣。

```
document.write('Hi! JavaScript');
```

二. 註解符號

在 JavaScript 程式中使用註解，用意在幫助程式設計人員閱讀程式內容，提供維護程式便利修改。在程式執行時，註解的內容會被忽略。「//」符號是用來標示單行註解。

```
c = 100;      // 設定攝氏溫度 c 為 100 度
```

「/* .... */」是用來標示多行註解。

```
/*
攝氏溫度 c 轉換為華氏溫度 f 的公式
f = c * 9 / 5 + 32
*/
```

在 HTML 程式中也有使用註解，用來檢視程式文件，方便未來維護程式。執行時，註解的文字不會出現在瀏覽器的網頁上。

單行註解：

```
<!--    註解文字    -->
```

多行註解：

```
<!--
        註解文字
-->
```

在 CSS 程式中也可使用註解。

單行註解：

```
/*    註解文字    */
```

多行註解：

```
/*
        註解文字
*/
```

三. 空白字元

JavaScript 程式敘述中的空白字元，在程式執行時會被忽略。如下三行敘述意義相同。為便利日後程式的閱讀，最好採用第二行的方式。

```
01  c=100;
02  c = 100;
03  c =    100;
```

四. 多行敘述的合併

程式是由一行一行的敘述組合，但簡短的敘述可合併在同一行。這時不同敘述之間，必須使用分號「;」區隔，否則執行時會產生錯誤。

```
x = 10; y = 20; z = 30;          // 三個敘述合併成一行
```

五. 小括號 ( )

若在敘述分行處用小括號 ( ) 處理，被小括號括起來的內容視為同一個敘述。這裡比較特別的是可以有註解。

```
01  x = 10; y = 20; z = 30;
02  sum = ( x +          // 用()括起來的內容視為同一個敘述
03        y +
04        z );           // 這個敘述有三行
05  document.write(sum);
```

2.1.2 識別項

每個人一出生都會取一個名字來加以識別。同樣地，在程式中使用到的變數、陣列、函式、類別 … 等都必須賦予名稱，方便在程式中識別。這些名稱的命名都必須遵行「識別項」的命名規則。規則如下：

1. 第一個字元必須是大小寫字母、底線字元「_」、錢字字元「$」或中文字開頭，接在後面的字元可以是字母、數字、_、$、中文字…。

2. 建議識別項不要太長，而且識別項不允許中間出現空白字元。

3. JavaScript 的「關鍵字」是不允許拿來當作識別項使用。

4. JavaScript 的內建函式、內建物件名稱不建議拿來當作識別項使用。使用時，執行程式不會出現錯誤，但該名稱的函式、物件功能會消失。

5. 識別項對於英語字母的大小寫視為不同，如：tube 和 TuBe 會被視為不同的識別項。

6. 識別項雖然可以使用中文字，但建議不使用。在不同平台或版本時，程式碼移植恐會產生相容性的問題。

簡例 合法的識別項

n、PageCount、Part9、Number_Items、firstName

簡例 不合法的識別項

01	101Metro	// 不能以數字開頭
02	A B	// 不能使用空白字元
03	M&W	// 不能使用&字元
04	for	// 不能使用關鍵字

2.1.3 關鍵字

所謂「關鍵字」(keyword) 或稱「保留字」(reserve word)，是 JavaScript 語言定義具特定用途，預先定義的保留識別項，不允許再拿來做識別項使用。透過這些關鍵字，配合運算子 (operator)、分隔符號 (seperator)…等，就可以撰寫出各種「敘述」。下表為 JavaScript 常用的關鍵字：

1. **var**：宣告變數。

2. **let**：宣告區塊範圍內的變數。

3. **const**：宣告常數。

4. **if**：條件語句，根據條件決定接下來要執行區塊程式碼。

5. **else**：if 條件不成立時執行的區塊程式碼。

6. **switch**：為分支選擇語句，根據不同的情況執行不同的程式碼。

7. **case**：在 switch 語句中定義不同的分支。

8. **for**：迴圈，用於重複執行一個區塊程式碼。

9. **while**：條件迴圈，當條件為真時重複執行一個區塊程式碼。

10. **do**：至少執行一個程式區塊，然後檢查條件是否成立才再執行一次，通常與 while 一起使用。

11. **break**：終止迴圈或 switch 語句的執行。

12. **continue**：跳過當前迴圈中的剩餘程式碼，繼續下一次迴圈。

13. **function**：定義函式。

14. **return**：從函式中傳值返回。

15. **class**：定義類別。

16. **new**：建立物件實體。

17. **this**：引用當前執行上下文中的物件。

18 **try**：定義一個監聽程式區塊，用於捕獲錯誤。

19 **catch**：在 try 區塊中捕獲並處理錯誤。

20. **throw**：建立一個錯誤，並將其拋出。

21. **finally**：定義一個程式區塊，在 try 或 catch 執行後執行。

22. **NaN**：表示非數字常值。

23. **null**：表示空常值或空物件。

24. **undefined**：表示未定義的常值。

25. **true**：表示布林值「真」。

26. **false**：表示布林值「假」。

27. **typeof**：傳回常值的資料型別。

28. **in**：檢查物件是否包含某個屬性。

29. **instanceof**：檢查一個對象是否屬於某個類別。

30. **delete**：刪除物件的屬性。

………

2.2 常值與資料型別

所謂「常值」(literal，或稱「字面值」)，是指資料本身的值，寫在敘述中電腦就可以直接處理的資料。常值的資料有三種基本型別，分別是數值 (Number)、字串 (String)、布林 (Boolean) 資料型別。

一. Number(數值)資料型別

在 JavaScript 中 Number 是一種基本的資料型別，用於表示數字值。它可以包括整數、浮點數和三個符號值 (NaN、Infinity 和 -Infinity)。比較簡單的 Number 型別常值如：0、59、-87、250000000、3.14159、0.000623…。有指數的數字可以使用科學記號，如：2.5E8 或 2.5e8 代表 $2.5×10^8$ (即 250000000)、6.23E-4 或 6.23e-4 代表 $6.23×10^{-4}$ (即 0.000623)。如數值需要千分位符號時，使用底線字元「_」，如：250_000_000 代表 250000000。

1. **整數**：可使用的範圍為 $-(2^{53} - 1) \sim 2^{53} - 1$。

2. **正浮點數**：可使用的範圍為 $2^{-1074} \sim 2^{1024}$。

3. **負浮點數**：可使用的範圍為 $-2^{1024} \sim -2^{-1074}$。

4. **Infinity**：大於 2^{1024}，表示正無限大的數值。如：正的數值除以零。

5. **-Infinity**：小於 -2^{1024}，表示負無限大的數值。如：負的數值除以零。

6. **NaN**：為 Not a Number 的縮寫，表示由不當的運算所造成的「非數值」資料。如：0/0 (零除以零)。

 在整數常值 JavaScript 除了使用十進位制 (decimal) 外，另外還可使用二進位制 (binary)、八進位制 (octal)及十六進位制 (hexadecimal)。

1. **二進位制**：現代的電腦和依賴電腦的裝置裡都是使用以 2 為基數的計數系統，即用數字 0、1 組成，逢 2 進 1。在程式碼中要使用二進位制數值時，必須以「0b」(數字 0 和小寫字母 b) 或「0B」開頭標示，例如：0b1001 等於 9。

2. 八進位制：八進位制是由數字 0、1、2、3、4、5、6、7 所組成逢 8 進 1。在程式碼中要使用八進位制數值時，必須以「0o」(數字 0 和小寫字母 o) 或「0O」開頭標示，例如：0o17 等於 15。

3. 十六進位制：在計算機領域中十六進位制被普遍應用，是由數字 0、1、2、3、4、5、6、7、8、9 和字母 A(代表 10)、B (代表 11)、C (代表 12)、D (代表 13)、E (代表 14)、F (代表 15) 組成，逢 16 進 1。在程式碼中要使用十六進位制數值時，必須以「0x」(數字 0 和小寫字母 x) 或「0X」開頭標示，例如：0xFF 等 255。

二. String(字串)資料型別

字串常值是由一個或一個以上的字元所組成，可包括任何文字、數字、符號字元，字串頭尾使用單引號「'」或雙引號「"」括住。建議在 JavaScript 程式碼中括住字串儘量使用單引號「'」。

簡例 合法的字串常值。

01	'H'	// 字串常值 H
02	"5.432"	// 字串常值 5.432
03	'我愛 JavaScript'	// 字串常值 我愛 JavaScript
04	'"Hi!" says Joe.'	// 字串常值 "Hi!" says Joe.
05	"Tom's dog."	// 字串常值 Tom's dog.

三. Boolean(布林)資料型別

布林 (Boolean) 常值只有「true」和「false」兩種布林值，分別代表「真」和「假」、「是」和「否」、「成立」和「不成立」…，只要程式中遇到二選一的情況，都可以使用布林型別來邏輯判斷。當布林值被拿來與數值運算時，true 會被轉換成數值「1」；false 會被轉換成數值「0」。

2.3 變數

常值不必經過宣告就可直接在程式中使用，而「變數」(variable) 的內容值會隨程式執行而改變。如下敘述，其中 x、y 為變數，而 25 為常值。

```
x = y + 25
```

變數使用前最好使用 var 或 let 關鍵字宣告 (declare)，宣告變數時要給予一個名稱。變數名稱取名時，遵循識別字的命名規則，最好使用有意義的名稱以提高程式碼的可讀性。變數使用指定運算子「=」指定常值做為變數的內容，稱為變數值。程式碼經過直譯後，系統就會根據變數值的資料來確定變數的資料型別，再配置對應的記憶體空間給該變數使用，即變數名稱為配置記憶體空間的起始位址。

```
let radius;          // 宣告一個代表半徑的變數,變數名稱為 radius
radius = 100;        // 設定已宣告變數 radius 的變數值為 100
```

如果同時宣告兩個以上的變數，變數名稱要使用逗號隔開。如：

```
var high, wide;          // 宣告兩個變數 high、wide,分別代表高度、寬度
high = 20, wide = 30;    // 設定已宣告變數 high 和 wide 的變數值為 20 和 30
```

在宣告變數的同時可以指定常值做為變數的初值。

```
var name = 'Kaylee';     // 宣告變數 name,同時指定變數初值為 'Kaylee'
```

當多個變數的變數值都相同時，可以使用下列格式：

```
var leng, high, wide;
leng = high = wide = 25;     // 三個不同變數,變數值皆設定為 25
```

JavaScript 是一種弱型別語言，在程式執行時，變數的資料型別是可以動態轉換。例如：你可以將一個變數由數字轉換為字串，或由布林轉換為數字。這種動態轉換可能會引發類型錯誤，在進行操作時需要格外小心。

```
var age = 18;              // 目前 age 變數的資料屬於數值型別
age = '年齡為 18';          // 此時 age 變數的資料改為字串型別
```

　　變數經宣告並指定常值做為變數值，變數會因變數值的資料而歸屬於何種型別。除了 Number、String、Boolean 三個基本資料型別外，變數還有下列幾個型別：

1. **undefined** (未定義)：變數已宣告但尚未指定初始值的狀態。

2. **null** (空值)：變數的值是為空白或不存在，用於明確指示該變數所占的記憶體空間是空的沒有任何資料。

3. **function** (函式)：具有某特定功能的敘述被寫成獨立的程式區域，賦於函式名稱，提供給變數呼叫或傳遞。(詳請參閱第 6 章)

4. **object** (物件)：用於儲存多個複合資料型別的值，物件用屬性儲存資料。以鍵/值 (key/value)的形式儲存，鍵/值分別代表屬性的名稱和值。

5. **array** (陣列)：是一種特殊的物件，用來按順序儲存多個型別相同的元素 (element) 資料，每個元素有各自的索引 (index) 與值 (value)。(詳請參閱第 5 章)

1. 當多個英文單字要串連來命名變數時，通常採駝峰式命名法 (camel case)，單字的第一個字母大寫其餘都小寫，但第一個單字的開頭字母通常是小寫。如：代表成績的變數名稱可以使用 score；代表數學成績的變數名稱可以使用 mathScore。

2. 變數可以省略 var 或 let 宣告而直接指定常值，但仍建議變數第一次使用前要進行宣告。

3. 使用 let 所宣告的變數為區塊變數，其有效範圍只在用大括號 { } 所包含的敘述區塊內，如：迴圈。

4. 使用 var 所宣告的變數為全域變數或函式內的區域變數。

5. 變數的資料型別可用 typeof() 函式來驗證 。參閱第 2.7.2 節範例。

2.4　常數

程式中經常會有重複出現的常值，JavaScript 可以使用「常數」(constant) 直接取代這些常值，而在往後的程式敘述不可以更動常數的值。常數是用 const 關鍵字來宣告並設定初值，常數名稱的命名建議使用大寫單字，而單字之間使用底線來串連。

```
const PI = 3.14159;          // 宣告一個代表圓周率的常數,名稱為 PI
const PASS_SCORE = 60;       // 宣告一個代表及格分數的常數,名稱為 PASS_SCORE
```

2.5　運算式

2.5.1　運算子與運算元

「運算子」(operator) 是指運算的符號，如：四則運算的 ＋、－、×、÷、…等符號。程式中利用運算子可以將變數、常值及函式連接起來形成一個「運算式」(expression)。運算式必須經過 CPU 的運算才能得到結果，我們將這些被拿來運算的變數、常值和函式稱為「運算元」(operand)。所以，運算式就是由運算子和運算元組合而成的。譬如：

```
price * 0.05
```

上述為一個運算式，其中 price 為變數而 0.05 為常值，兩者都是運算元，「*」為乘法運算子。

若運算子按照運算子運算時需要多少個運算元，可分成：

1.　一元運算子 (unary operator)

運算時，只需要一個運算元，是採前置標記法 (prefix notation)，即將運算子置於運算元的前面，如：-5。或採後置標記法 (postfix notation)，即將運算子置於運算元的後面，如：x++、x--。

2. 二元運算子 (binary operator)

運算時，在運算子前後各需要一個運算元，是採中置標記法 (infix notation)，即將運算子置於兩個運算元的中間。如：x + y、y / 2。

2.5.2　算術運算子

算術運算子可以用來執行一般的數學運算，包括加法、減法、乘法、除法、取餘數`等。JavaScript 常用的算術運算子如下：

運算子	說明	範例
()	小括號	10 * (20 + 5) ⇨ 250
-	負號	-5
+、−	加、減	20 − 6 + 5 ⇨ 19
*、/	乘法、除法	5 * 3 / 2 ⇨ 7.5
%	相除取餘數	8 % 5 ⇨ 3
**	次方(指數)	5 ** 3 ⇨ 125

上表中算術運算子的優先執行順序是由上而下遞減。最內層小括號內的運算式最優先執行，加、減運算式最低。同一等級的運算式由左而右依序執行。

2.5.3　合併運算子

「+」符號除了可以當作加法運算子外，也可以用來合併字串。

1. 若 + 運算子前後的運算元都是數值資料或布林資料，會視為加法運算處理，其結果為數值。

2. 若兩個運算元皆為字串，則 + 運算子視為合併運算子，將兩個運算元前後合併成一個字串。

3. 若多個運算元中，只要其中有一個為字串型別時，則 + 運算子就會被視
   為合併運算子，其餘非字串的運算元皆自動轉換為字串型別，再進行字
   串的合併運算，其合併後的資料型別一定為字串。

```
01   n1 = 22;
02   n2 = 35;
03   n3 = n1 + n2;          // 數值相加,結果 22+35=57,將數值 57 指定給 n3 數值變數
04   st1 = '我愛';
05   st2 = 'JavaScript';
06   st3 = st1 + st2;       // 字串合併,結果為'我愛 JavaScript'指定給 st3 字串變數
07   st4 = s1 + n1 + n2;    // 合併結果為字串'我愛 2235',指定給 st4 字串變數
```

2.5.4 指定運算子

指定運算子「=」是用來將右邊的常值、變數或運算式之結果，指定給
指定運算子左邊的變數，使成為變數值。

運算子	運算式	運算後的 x 值（假設 x=5, y=2）
=	x = 5	x = 5
+=	x += y 相當於 x = x + y	x = 5 + 2 = 7
-=	x -= y 相當於 x = x - y	x = 5 - 2 = 3
*=	x *= y 相當於 x = x * y	x = 5 x 2 = 10
/=	x /= y 相當於 x = x / y	x = 5 / 2 = 2.5
%=	x %= y 相當於 x = x % y	x = x % 2 = 1

2.5.5 關係運算子

「關係運算子」亦稱「比較運算子」，當程式中遇到兩個數值或字串
做比較時，就需要使用到關係運算子。關係運算子執行運算時需要使用到
兩個運算元，關係運算式經過比較後會得到 true (真) 或 false (假)。在程式
中可以透過此種運算配合選擇結構敘述，來改變程式執行的流程。

JavaScript 所提供的關係運算子如下：

運算子	意義	運算式	說明
==	等於	x == y	當 x 與 y 的值相等時為 true
===	全等於	x === y	當 x 與 y 的值相等且型別一樣時為 true
!=	不等於	x != y	當 x 與 y 的值不相等時為 true
!==	不全等於	x !== y	當 x 與 y 不相等且型別不同時為 true
<	小於	x < y	當 x 的值小於 y 時為 true
<=	小於等於	x <= y	當 x 的值小於等於 y 時為 true
>	大於	x > y	當 x 的值大於 y 時為 true
>=	大於等於	x >= y	當 x 的值大於等於 y 時為 true

當關係運算式中的兩個運算元資料型別不同時，其中一個運算元會自動轉換型別。

```
01  20 == '20'      // 結果為 true，因字串'20'會自動轉換為數值 20
01  20 === '20'     // 結果為 false，因數值 20 和字串'20'的資料型別不相同
03  0 == false      // 結果為 true，因布林值 false 會自動轉換為數值 0
04  0 === false     // 結果為 false，因數值 0 和布林值 false 的資料型別不相同
```

若關係運算式中的兩個運算元是字串資料型別時，會從字串中的第一個字元開始比較，比較是依據字元的 Unicode 碼，如：'a'、'b' 的 Unicode 碼分別 0061、0062；'A'、'B' 的 Unicode 碼分別 0041、0042。

2.5.6 邏輯運算子

一個關係運算式就是一個條件，當有多個關係式要一起判斷時便需要使用到邏輯運算子來連結條件式。JavaScript 所提供的邏輯運算子如下：

1. and 邏輯運算子

若一個條件式含有 <條件 1> 和 <條件 2> 兩個條件，當 <條件 1> 和 <條件 2> 都為真 (true) 時，此條件式才成立；若其中一個條件為假 (false)，

則條件便不成立 (假)。此時就需要使用到 and (且) 運算子，JavaScript 是以 「&&」 來表示 and 邏輯運算子，此種條件式的情況相當於數學上的交集計算。

A	B	A && B
true	true	true
true	false	false
false	true	false
false	false	false

簡例 70 < score ≤ 79 的條件式寫法

```
(score > 70) && (score <= 79)
```

2. or 邏輯運算子

若一個條件式含有 <條件 1> 和 <條件 2> 兩個條件，只要其中一個條件為真 (true) 時，此條件式成立。只有當 <條件 1> 和 <條件 2> 都為假 (false) 時，此條件式才不成立。此時就需要使用 or (或) 邏輯運算子，JavaScript 是以「||」來表示 or 運算子，此種條件式的情況相當於數學上的聯集計算。

A	B	A ‖ B
true	true	true
true	false	true
false	true	true
false	false	false

簡例 score < 0 或 score ≥ 100 的條件式寫法

```
(score < 0) || (score >= 100)
```

3. not 邏輯運算子

當一個條件式只有一個條件，若要將條件的真假反轉，就必須使用「!」運算子。

A	!A
true	false
false	true

2.5.7 遞增/遞減 運算子

「++」遞增運算子(increment perator) 和「--」遞減運算子(decrement operator) 都是一元運算子，用來對目前的變數值作加 1 或減 1。

1. 若將運算子放在變數的前面，如：++? 或 --? 稱為「前置式」(prefix)，變數會在運算之前，先進行加減 1 動作。

2. 若將運算子放在變數的後面，如：?++ 或 ?-- 稱為「後置式」(postfix)，會先用原變數值運算之後，再對變數作加減 1 的動作。

```
01   var a = 10, b = 55, c = 3, d = 8, e = 6, f = 9, x, y, z, r ;
02   ++a ;              // 相當於 a = a+1 = 10+1 = 11，結果 a 的值為 11
03   b-- ;              // 相當於 b = b-1 = 55-1 = 54，結果 b 的值為 54
04   x = ++c ;          // c 的值先遞增 1,再指定給 x 變數,結果 x 和 c 的值分別為 4 和 4
05   y = d++ ;          // d 的值先指定給 y 變數,d 再遞增 1,結果 y 和 d 的值分別為 8 和 9
06   z = --e ;          // e 的值先遞減 1,再指定給 z 變數,結果 z 和 e 的值分別為 5 和 5
07   r = f-- ;          // f 的值先指定給 r 變數,f 再遞減 1,結果 r 和 f 的值分別為 9 和 8
```

2.5.8 運算子優先順序和順序關聯性

運算式內運算子的執行順序，是由運算子的優先順序和順序關聯性來決定的。當運算式包含多個運算子時，運算子的優先順序會控制評估運算式的順序。例如，運算式 x + y * z 的評估方式是 x + (y * z)，因為 * 運算子的運算次序比 + 運算子高。下表由高至低列出各運算子的優先執行順序：

優先次序	運算子
1	( ) (小括號)
2	?++ (後置遞增)、?-- (後置遞減)
3	++? (前置遞增)、--? (前置遞減)
4	** (次方)
5	+ (正號)、- (負號)、! (非)
6	% (取餘數)、/ (除)、*(乘)
7	+ (加)、- (減)
8	< (小於)、<= (小於等於)、> (大於)、>= (大於等於)、!= (不等於)、== (等於)、!== (不全等於)、=== (全等於)
9	&& (且)、|| (或)
10	=、+=、-=、*=、/=、%= (指定運算子)

運算式使用 ( ) 括號，可以減少運算錯誤增加可讀性，而且還可以改變運算的順序。例如：運算式 x + y * z 改為 (x + y) * z 時，因為 x + y 用 ( ) 括號，所以要先計算，其結果再與 z 相乘。

2.6 資料型別轉換

運算式中所有運算元的資料型別，如果有不一樣的型別，最好是全部轉換成相同的型別再進行運算。在 JavaScript 中，可以使用不同的方式進行資料型別的轉換，包括從字串到數值、從數值到字串…、以及其他資料型別之間的轉換。以下是一些常見的資料型別轉換的函式：

1. **parseInt()**：可將不同的資料型別轉換為整數。

2. **parseFloat()**：可將不同的資料型別轉換為浮點數。

3. **Number()**：可將不同的資料型別轉換為數值型別。

```
01  var intNum = parseInt('250');        // 將字串資料'250'轉換成整數 250
02  var floatNum = parseFloat('3.14');   // 將字串資料'3.14'轉換成浮點數 3.14
03  var num = Number('123');             // 將字串資料'123'轉換成數值 123
```

4. **.toString()**：將運算式的結果轉換成字串。

5. **String()**：可將不同的資料型別轉換為字串。

```
01 var num = 22;
02 var st1 = (100 + num * 3).toString();  // 將運算式的結果 166 轉換成字串'166'
03 var bool = false;                       // bool 是布林型別變數
04 var strBool = String(bool);             // 將布林資料 false 轉換成字串'false'
```

2.7 　輸出入介面

　　輸出入介面的設計是撰寫網頁與使用者互動程式時的必要工作項目。輸出函式來將網頁處理的結果資料顯示出來，輸入函式來取得使用者的輸入資料送交給網頁處理。

2.7.1　document.write( ) 方法

　　JavaScript 程式中可以使用 document 物件的 write() 方法，在 HTML 網頁上顯示指定的文字內容。

> **語法**
>
> document.write(字串);

　　要呈現的文字內容放在小括號中，用單引號或雙引號將文字包含起來，這樣瀏覽器會自動把這些文字當成字串來呈現。

```
document.write('Wishing you happiness today, tomorrow, and always!');
```

　　如果你要呈現的文字內容是來自變數，字串變數不能夠直接放在引號中，必須用逗號「,」或加號「+」來連接變數與字串。當變數較多時，建議使用加號「+」來做字串的合併。

```
var num = 800;
document.write('水晶' + num);        // 顯示 水晶 800
```

document.write() 方法只單純將輸出的文字顯示在網頁上，下次再使用時，所輸出的字串內容會在網頁上文字後面接續顯示。

```
document.write('Wishing you happiness');
document.write(' today, tomorrow, and always!');
```

結果顯示：Wishing you happiness today, tomorrow, and always!

如果文字段落要分行顯示，則在分行處須使用 HTML 的換行標籤
 來作換行的處理。

```
document.write('Wishing you happiness <br>');
document.write('today, tomorrow, and always!');
```

結果顯示：Wishing you happiness
　　　　　today, tomorrow, and always!

 範例：

在網頁顯示文字、變數值和運算式結果的資料。

程式碼　FileName : write.html

```
01 <!DOCTYPE html>
02 <html>
03   <body>
04     <script>
05       var wt = 3;
06       var price = 35;
07       document.write('香蕉 ' + wt + ' 公斤 ' + '<br>');
08       document.write('共 ' + wt * price + ' 元');
09     </script>
10   </body>
11 </html>
```

執行結果

説明

1. 第 5、6 行：宣告 wt (重量) 和 price (單價) 變數並設定初值。

2. 第 7 行：其中 wt 數值變數值 3，會先自動轉換型別成為字串 '3'。
   '香蕉 ' + '3' + ' 斤 ' + '<br>' 再合併成字串 '香蕉 3 公斤
 '。結果在網頁上顯示「香蕉 3 公斤」文字，其中
 為換行標籤，功能是使在網頁下次顯示文字的位置，跳至下一行開頭的地方。

3. 第 8 行：先進行 wt * price 的算術運算，然後運算的數值結果 105 自動轉換型別成字串 '105'，再和其它字串合併。

2.7.2　console.log( ) 方法

console.log() 是 JavaScript 中的一個內建函式，用於在「主控台」輸出資訊，該方法對於程式開發過程進行測試很有幫助。可以輸出任何型別的變數，或者輸出需要顯示給使用者的任何訊息。

> **語法**
>
> console.log(參數);

console.log() 只接受一個參數，該參數可以是一個任何型別的變數或運算式，也可以是任何常值訊息。程式執行時，在瀏覽器的網頁上按鍵盤 F12 鍵，可開啟或關閉「開發人員工具」的「Console」(主控台) 窗格。

範例：

使用 Console 窗格來觀看變數值及訊息的資料型別。

程式碼 FileName : console.html

```
01 <!DOCTYPE html>
02 <html>
03   <body>
04     <script>
05       var st = '這是 Console 的測試';      // 宣告 st 為字串變數
06       console.log(st);                     // 顯示 st 字串變數內容
07       console.log(typeof(st));             // 顯示 st 變數的資料型別
08       var tf = false;                      // 宣告 tf 為布林變數
09       console.log(typeof(tf));             // 顯示 tf 變數的資料型別
10       console.log(12/0);                   // 顯示運算結果，為 Infinity
11       console.log(typeof(12/0));           // 顯示 Infinity 的型別
12     </script>
13   </body>
14 </html>
```

執行結果

↺ 説明

1. 第 7 行：st 為字串變數，typeof(st) 傳回 string 資料型別。

2. 第 9 行：tf 為布林變數，typeof(tf) 傳回 boolean 資料型別。

3. 第 10 行：12 / 0 的運算結果是正無限大的數值，用 Infinity 表示。

4. 第 11 行：正無限大的數值 Infinity，屬 number 資料型別。

2.7.3 window.prompt( ) 方法

　　window.prompt()方法是 JavaScript 中的一個用於與使用者互動輸入框的函式，它會彈出一個輸入對話方塊，這個對話方塊包含一個文字輸入欄位提示使用者輸入資料，以及 **確定** 和 取消 按鈕。

> **語法**　變數 = window.prompt('提示文字', '預設值');

1. **'提示文字'**：是一個字串，用來顯示提示訊息或說明，通常是指導使用者應該輸入什麼資料。

2. **'預設值'** (可省略)：是為使用者輸入資料時所設定的預設值。若省略這個引數，則在文字輸入欄位內會呈現空白等待使用者輸入資料。

3. **變數**：是使用者在文字輸入欄位內輸入資料的傳回值，這傳回值預設為字串資料，指定給變數存放。

簡例 使用輸入框接收一個字串資料輸入，指定給 greet 變數存放。

```
var greet = window.prompt('請輸入一句問候語', 'Hello !');
```

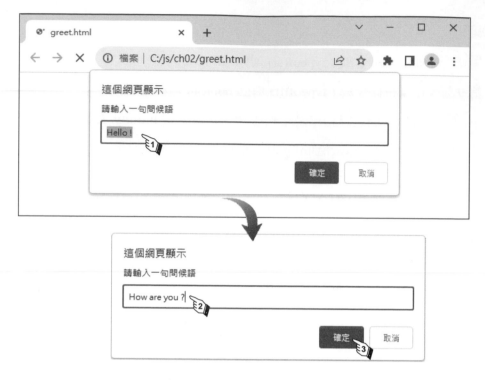

使用者若點按 確定 鈕，所輸入的字串資料會指定給 greet 變數存放。若點按 取消 鈕，則輸入的值無效，而 greet 變數所存放的資料為 null。

2.7.4 window.alert( ) 方法

window.alert()方法是 JavaScript 中用於在網頁上顯示訊息框的內建方法，是一種簡單的輸出對話方塊，通常用於向使用者發出一條訊息或警告，使用者需要按下 確定 按鈕才能關閉它。

語法 window.alert('訊息文字');

1. **'訊息文字'**：是一個字串，用來向使用者顯示傳達的訊息。

簡例 使用訊息框發出訊息。

```
window.alert('您好，我是一個能輸出訊息的警告框！');
```

2.7.5 逸出字元 (escaping characters)

在 JavaScript 中，**逸出字元** (escaping characters) 是用反斜線 \ 來處理字串中特殊字元的方法。特殊字元是那些在字串中具有特殊意義的字元符號，例如：單引號、雙引號、反斜線、換行、Unicode … 等字元符號。其用途是告訴 JavaScript 解譯器如何處理這些特殊字符，以確保它們被正確地包含在字串中。以下是一些常見的逸出字元符號和它們的用途：

1. **單引號和雙引號**：如果字串本身包含引號，需要使用逸出字元，以免被誤解為字串的結束。

```
var singleQuoted = '這是一個\'單引號\'字串';        // 這是一個'單引號'字串
var doubleQuoted = "這是一個\"雙引號\"字串";        // 這是一個"雙引號"字串
```

2. **換行**：文字段落要分行顯示，使用逸出字元符號 \n 可使前後文本處於不同行顯示。

```
var multiLine = "這是第一行顯示的文字\n 這是第二行顯示的文字";    // 可分行字串
```

上面的變數使用 window.alert(multiLine) 與 console.log(multiLine) 方法，都可成功分行顯示字串內容。但使用 document.write(multiLine) 方法卻不能達到分行顯示的效果。

3. **反斜線**：因為反斜線 \ 本身用途是逸出字元符號，所以如果要顯示一個反斜線，需要用 \\ 來表示它。

```
var path = "C:\\Program Files\\Folder";        // C:\Program Files\Folder
```

4. **Unicode 字元：** 逸出字元 \uXXXX 可以用來表示 Unicode 字元，其中 XXXX 是該字元符號的 Unicode 編碼。

```
var symbol_A = "\u0041";                    // 表示 A 字元符號
```

範例：

使用輸出入對話方塊來呈現運算資料的處理過程。

程式碼 FileName：dialog.html

```
01 <!DOCTYPE html>
02 <html>
03   <body>
04     <script>
05       var num1 = Number(window.prompt('請輸入第一個數值'));
06       var num2 = Number(window.prompt('請輸入第二個數值'));
07       var sum = num1 + num2
08       var msg = 'num1 = ' + num1 + '\n';
09       msg += 'num2 = ' + num2 + '\n';
10       msg += num1 + '+' + num2 + '=' + sum;
11       window.alert(msg);
12     </script>
13   </body>
14 </html>
```

執行結果

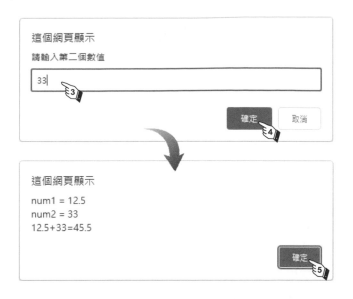

↻說明

1. 第 5,6 行：分別在輸入框輸入字串型別的數字 '12.5' 和 '33'，再用 Number() 函式轉換為數值 12.5 和 33，然後指定給變數 num1 和 num2。

2. 第 7 行：本敘述為兩數值運算元做相加的運算，其中 + 為相加運算子。相加結果 45.5 指定給 sum 數值變數。

3. 第 8 行：敘述中因運算元有字串，故 + 為合併運算子。其中第二個運算元 numl 數值變數值 12.5，必須先轉型為 '12.5'。合併後的字串為 'num1 = 12.5 \n'，再指定給 msg 字串變數，其中 \n 為換行字元。

4. 第 9,10 行：在此的 += 為複合合併指定運算子。用簡單例子說明如下：

st = 'abc';	// 將字串'abc'指定給 st 變數
st += '697';	// 相當於 st = st+'697'，結果 st 變數值為'abc697'
st += '@#$%&*';	// 結果 st 變數值為'abc697@#$%&*'

5. 第 11 行：經由第 8~10 行敘述的複合合併指定的字串 msg，由訊息框顯示字串內容。因含有兩個換行字元，全文會分成三行顯示。

2.8　常用 HTML 表單元件

　　HTML 表單 (網頁表單) 是一個用戶與網頁進行互動的重要元素。允許用戶輸入數據，並將該數據提交給伺服器或用於客戶端處理。HTML 中的表單內容必須建立在 <form> ... </form> 標籤內，<form> 語法如下：

> **語法**
>
> ```
> <form action="URL"  method="HTTP_method">
>    <!-- 表單內容 -->
> </from>
> ```

1. **action 屬性**：當用戶提交表單時，瀏覽器將表單資料傳送到 action 屬性指定的 URL。URL 是伺服器端處理表單資料的位置。

2. **method 屬性**：指定 HTTP 請求的方法，有 "GET" 或 "POST" 兩種。表單資料將透過 URL(GET) 獲取資源；或請求主體 (POST) 向伺服器提交資料。

3. 若 <form> 元素內沒有設定 action 和 method 屬性時，表單資料預設以 GET 的方式傳送給目前的網頁處理。

2.8.1　<input> 元素

　　為表單最常使用的輸入元素，對應的欄位元件頗多，格式如下：

> **語法**
>
> ```
> <input  type="類型"  name="名稱"  value="預設值">
> ```

1. **type 屬性**：type 屬性指定輸入欄位的元件類型，有 text、password、radio、checkbox、submit、reset、button...等。

2. **name 屬性**：設定存放元件的名稱，用於識別該元件。通常在提交表單時，該元件以「name 屬性的名稱值 = value 屬性的資料值」傳遞到後端伺服器處理。

3. **value 屬性**(可省略)：value 屬性為用戶輸入的資料。若用戶沒填寫便提交資料時，會以此預設值當作 value 屬性的資料值傳送。

一. text 元件

text 元件會顯示一個文字輸入框，用來收集單行文字的輸入，如：姓名、Email、帳號、用戶名稱…等。

```
<input type="text" name="username" value="王大明">
```

二. password 元件

password 元件會顯示一個密碼輸入框，用來收集密碼的輸入，所輸入的文字會被隱藏，而用符號字元 * 取代輸入文字的字元。

```
<input type="password" name="pw">
```

三. submit 元件

submit 元件會顯示一個按鈕，用來提交表單資料給後端伺服器處理。value 屬性值若沒設定，預設值為 "提交"。

```
<input type="submit" value="登入">
```

四. reset 元件

reset 元件會顯示一個按鈕，用來重置表單，使所有元素輸入值還原。value 屬性值若沒設定，預設值為 "重置"。

```
<input type="reset" value="取消">
```

📥 範例：

使用表單建立輸入欄位元素。

程式碼　FileName：input.html

```
01 <!DOCTYPE html>
02 <html>
03   <body>
04     <form>
```

```
05        <p>帳號：<input type="text" name="username"></p>
06        <p>密碼：<input type="password" name="userpw"></p>
07        <p><input type="submit" value="登入">
             <input type="reset" value="取消"></p>
08      </form>
09    </body>
10  </html>
```

執行結果

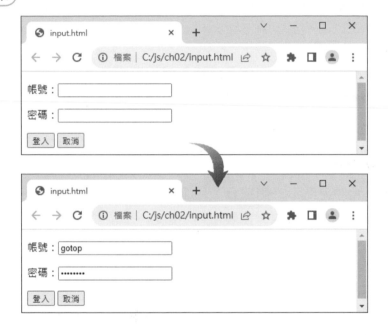

〇 說明

1. 第 4 行：因 <form> 元素沒有設定 action 和 method 屬性，表單資料預設
   傳送給目前的網頁處理。

2. 第 5 行：在 <p> … </p> 之間所包含的是一個段落內容，該內容開頭有
   文本「帳號」，接著一個 text 元件 (輸入框)。除非遇到
或內容太長
   超過瀏覽器寬度，段落才會有分行顯示的情形。

3. 第 7 行：submit 按鈕元件和 reset 按鈕元件是被放在同一個 <p> 元素
   內，故屬於同一個段落。submit 按鈕元件的標題文字設定為 "登入"；
   reset 按鈕元件的標題文字設定為 "取消"。

五. button 元件

button 元件會顯示一個簡單按鈕，用來觸發 JavaScript 函式執行特定的操作，在不需要提交表單的情況下進行互動。

```
<input type="button" value="確定" id="okBtn" onClick="showMsg()">
```

結果：　確定

如果元件會觸發 JavaScript 的程式函式，則必須設定 id 和 onClick 屬性。id 是該元件的身分代號，用來識別；onClick 屬性是設置按鈕被點按一下時所發生的事件，在此會執行寫在 JavaScript 程式中的 showMsg() 函式。詳情請參閱第 2.9 節的介紹。

六. radio 元件

用 radio 元件可建立一組選項按鈕，用於提供由多個選項中單選一個選項。只要將不同選項的 name 屬性設成一樣，這些選項就被視為同一組的選項。被選取的選項具有 checked 屬性。

```
<p>性別：
    <input type="radio" name="gender" value="male" checked> 男性
    <input type="radio" name="gender" value="female"> 女性 </p>
```

結果：　性別：　◉ 男性　○ 女性

七. checkbox 元件

用 checkbox 元件可建立一組核取方塊，用於提供多個選項中可重複或都不勾取的選項。只要將不同核取方塊的 name 屬性設成一樣，這些選項就被視為同一組的選項。被選取的選項具有 checked 屬性。

```
<p>喜歡飲料：
    <input type="checkbox" name="drink" value="tea" checked> 茶
    <input type="checkbox" name="drink" value="soda"> 汽水
    <input type="checkbox" name="drink" value="coffee"> 咖啡
    <input type="checkbox" name="drink" value="juice" checked > 果汁</p>
```

結果：　喜歡飲料：　☑ 茶　☐ 汽水　☐ 咖啡　☑ 果汁

2.8.2 <textarea> 元素

<textarea> 元素是多行文字欄位，可以設定欄位長度、寬度。

語法	<textarea name="欄位名稱" rows="長度" cols="寬度"> 　文本 ...... </textarea>

📥 **範例**：

使用 <textarea> 元素顯示多行文字。

程式碼 FileName : textarea.html

```
01 <!DOCTYPE html>
02 <html>
03   <body>
04     <form>
05       <textarea rows="5" cols="40">
06         生意經
07         買賣不算帳，生意難興旺
08         不怕不賺錢，就怕貨不全
09         見人三分笑，客人跑不掉
10         坐商變行商，財源達三江
11       </textarea>
12     </form>
13   </body>
14 </html>
```

執行結果

2.9 JavaScript 與表單互動

　　以下是一個最簡單的範例，實作如何使用 JavaScript 與 HTML 表單進行基本的互動。在這個範例建立包含一個輸入框和一個按鈕的表單。當用戶在輸入框輸入資料並點按按鈕時，瀏覽器將表單資料傳送給 JavaScript 處理，最後在網頁上彈出訊息框來顯示處理後資訊。

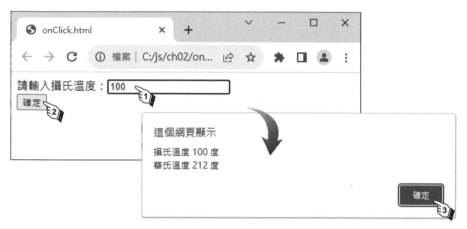

程式設計說明如下：

1. 表單元素內容

```
01  <form>
02      請輸入攝氏溫度：<input type="text" id="textC"><br>
        <input type="button" value="確定" onclick="showTemp()">
03  </form>
```

① 第 1 行：<form> 元素內沒有設定 action 和 method 屬性，表單資料預設以 GET 的方式傳送給目前的瀏覽器網頁處理。

② 第 2 行：這是一個段落內容，開頭有文本「請輸入攝氏溫度：」，接著一個 text 元件(輸入框)。遇到
 換行。段落第二行再顯示 button 元件 (確定) 按鈕。

③ 點按「確定」按鈕會觸發 JavaScript 程式所編寫的函式，所以在 button 元件內要設定 onClick 屬性，並指定觸發 showTemp() 函式。

④ text 元件 (輸入框) 內所輸入的資料，在 JavaScript 程式中會參用到，所以要設定 id 屬性，做為宣告變數時識別用途。

2. 在 JavaScript 程式中如何參用 HTML 元件的 id。

```
var txtC = document.getElementById('textC');
```

① 宣告一個變數 txtC，其變數值來自 document.getElementById('textC') 指定。其中 'textC' 是 HTML 元件的 id 值，所以變數 txtC 的內容是 'textC' 元件，變數 txtC 的資料型別為 object (物件)。

② 變數名稱 txtC 和 text 元件的 id 值 'textC'，為了避免命名的困擾，兩者可以取一樣的名字是不會有衝突。

3. 在 JavaScript 程式中如何取得 text 元件 (輸入框) 的填寫資料。

```
var numC = Number(txtC.value);
```

① 變數 txtC 是一個物件，該物件的文字內容存放在 value 屬性中。用「物件.屬性」語法取得屬性值，故用「txtC.value」存取文字內容。

② 因「txtC.value」敘述取得的資料屬 String 型別，故用 Number() 函式將其轉型為數值資料，再指定給 numC 變數。故 numC 為 Number 型別變數，在此代表攝氏的溫度值。

4. 將攝氏溫度值換算為華氏溫度值，再指定給變數 numF。

```
var numF = numC * 9/5 + 32;
```

5. 使用合併指定運算子來組合資訊字串，然後用網頁彈出的訊息框來顯示處理後的訊息。

```
var msg = '攝氏溫度 ' + numC + ' 度 \n';
msg += '華氏溫度 ' + numF + ' 度';
window.alert(msg);
```

完整程式碼如下：

程式碼　FileName : onClick.html

```
01 <!DOCTYPE html>
02 <html>
03   <body>
04     <form>
05       請輸入攝氏溫度：<input type="text" id="textC"><br>
06       <input type="button" value="確定" onclick="showTemp()">
07     </form>
08     <script>
09       function showTemp() {
10         var txtC = document.getElementById('textC');
11         var numC = Number(txtC.value);
12         var numF = numC * 9/5 + 32;
13         var msg = '攝氏溫度 ' + numC + ' 度 \n';
14         msg += '華氏溫度 ' + numF + ' 度';
15         window.alert(msg);
16       }
17     </script>
18   </body>
19 </html>
```

如果回傳給瀏覽器資料要顯示在網頁上，要如何處理。

程式設計說明如下：

1. 使用 <p> 段落元素來顯示文字

```
<p id="output"></p>
```

JavaScript 程式中會設計使用 <p> 元素來顯示文字，所以要設定 id 屬性，做為宣告變數時識別。

2. 在 JavaScript 程式中如何在 <p> 段落元素寫入文字。

```
var txt = document.getElementById('output');
txt.textContent = '按鈕 被點按了';
```

① 宣告一個變數 txt 代表 id 值為 'output' 的物件。

② HTML 元素的文本內容由 textContent 屬性來存放。

完整程式碼如下：

程式碼 FileName : textContent.html

```
01 <!DOCTYPE html>
02 <html>
03   <body>
04     <input type="button" value="按鈕" onclick="showText()">
05     <p id="output"></p>
06     <script>
07       function showText() {
08         var txt = document.getElementById('output');
09         txt.textContent = '按鈕 被點按了';
10       }
11     </script>
12   </body>
13 </html>
```

選擇結構

03

3.1　認識選擇結構

　　程式碼的結構可以概略區分為「循序結構」、「選擇結構」、「重複結構」這三種基本程式結構。其中最常使用的結構是循序結構，循序結構的執行流程是由上至下，先右後左，一列程式碼執行完畢之後，接著執行下一列程式碼敘述。但是，如果一個應用程式的程式碼，全部都使用循序結構，則該程式每次執行結果都會是完全相同的，這樣的應用程式，並不具有實用性。

　　一個應用程式，要能依照條件的不同，執行不同的流程，產生不同的程式回饋，這樣的應用程式才能符合使用者的需求，靈活地應付複雜多變的環境，如此才是實用性高的程式。程式要達到這樣的功能，就要依據程式的需求，善用選擇敘述，在程式碼中穿插「選擇結構」，程式就可依照現況，進行特定的處理，進而得到正確的結果。JavaScript 所提供的選擇敘述有 if … else 和 switch 等兩種。

3.2 if 選擇結構

if 選擇結構可分為單向及雙向選擇結構,再由這兩種基本結構衍生出多向和巢狀等其他型式。撰寫程式時,可以依照不同的需求,挑選合適的選擇敘述。

3.2.1 條件運算式

一個選擇結構至少要包含一則條件運算式,條件運算式亦可簡稱為「條件式」,條件式可以使用關係運算式、一般算術運算式或邏輯運算式,選擇結構遇到條件式時,會進行運算並指出該條件式結果為**真** (true),或是為**假** (false)。

在條件運算式中,如何判斷運算的結果是真或是假?JavaScript 所根據的原則如下:

- 運算結果是一個數值時,若此數值等於 0,則是假,否則就是真。
- 運算結果是一個字串時,若此字串等於空字串'',則是假,否則就是真。
- 運算結果是一個布林值時,若是 false 就是假;反之,若是 true 則為真。

簡例 條件運算式簡例。(test01.html)

```
01 <script>
02   if(8 + 9)                    // 數值
03     window.alert('true');     // 輸出 true
04   else
05     window.alert('false');
05
06   if('')                      // 空字串
08     window.alert('true');
09   else
10     window.alert('false');    // 輸出 false
11
```

```
12    window.alert(0 == (3 % 2));  // 輸出 false
13  </script>
```

　　基本型的條件運算式是由比較運算子和兩個運算元所組成的；但如果條件比較複雜，需針對多個條件運算式一起做判斷時，此時要利用「**邏輯運算子**」來作連結，組合成進階型的條件式。其運算後的結果只會有兩種，不是 false，就是 true。

簡例 進階型條件運算式簡例。(test02.html)

```
01  <script>
02    var x = 18;
03    if((x > 12) && (x < 20))     // 判斷 x 是否為 13~19 之間的任一數
04      window.alert('true');      // 輸出 true
05    else
06      window.alert('false');
07
08    if((x <= 12) || (x > 65))    // 判斷 x 是否為小於 12 或大於 65 的任一數
09      window.alert('true');
10    else
11      window.alert('false');     // 輸出 false
12  </script>
```

3.2.2 單向選擇結構

　　「單向選擇結構」敘述是當條件運算式運算結果為 true (真) 時，執行條件運算式後面的敘述區段；當運算結果為 false (假) 時，則結束選擇結構，繼續執行主流程之敘述。程式流程圖和語法如下：

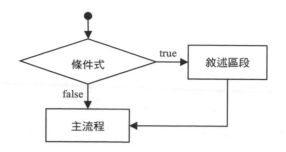

語法

語法 1：if (條件運算式) window.alert ("true")； // 單行敘述

語法 2：if (條件運算式)
　　　　　window.alert ("true")； // 單行敘述

語法 3：if (條件運算式)
　　　{
　　　　　……… ；　　　　　　// 敘述區段
　　　　　……… ；
　　　}

⟳ 説明

1. 條件運算式必須用小括號「( )」括起來。

2. 若敘述區段內有多行敘述時，必須用大括號「{ }」括起來。若僅有一行敘述，則可省略大括號。為了提高程式碼可讀性，敘述區段宜向後縮排一個階層。

3. 在僅有單行敘述的情況下，條件運算式可以和單行敘述合併寫成一行，如語法 1。

簡例 單向選擇結構簡例。(if.html)

```
01 <script>
02   var x = -6;
03   if (x < 0)
04     x = -x;
05   window.alert(x);      // 輸出 6
06 </script>
```

説明

1. 條件運算式判斷變數 x 如果小於 0，則執行第 4 行，以一元運算子「-」取該變數的絕對值，之後再執行第 5 行；如果變數 x 如果大於 0，則直接跳到第 5 行，執行輸出敘述。

3.2.3 雙向選擇結構

「雙向選擇結構」敘述有如口語中的「如果…就…否則…」，當條件運算式運算結果為 true (真) 時，執行條件運算式後面的敘述區段 A；當運算結果為 false (假) 時，則執行 else 後面的敘述區段 B。程式流程圖和語法如下：

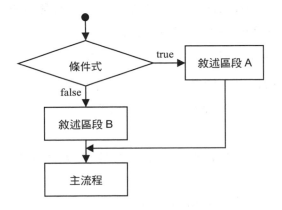

| 語法 | ```
if (條件運算式) {
    window.alert ("true")；    // 條件式為真時的敘述區段
} else {
    window.alert ("false")；    // 條件式為假時的敘述區段
}
``` |

簡例　雙向選擇結構簡例。(ifelse.html)

```
01 <script>
02   var x = 2;
```
```

```
03    if (x == 0)
04       window.alert('除數不得為 0');
05    else
06       window.alert(10 / x);
07 </script>
```

説明

1. 條件運算式判斷變數 x 如果等於 0，則執行第 4 行，執行 if 敘述區段，顯示「除數不得為 0」訊息框；如果變數 x 不等於 0，則直接跳到第 6 行，執行 else 敘述區段，顯示除法運算後的商。

3.2.4 條件運算子

條件運算子是 JavaScript 語法中唯一的「三元運算子」，所謂三元運算子是指該運算子執行時，需要有三個運算元才能正確執行。條件運算子是 JavaScript 中很特殊的運算子，可以依照運算式的結果，將不同的資料設定給指定的變數。換言之，條件運算子可以用來簡化 if … else … 選擇結構，而且該運算子也能支援巢狀運算。語法如下：

 語法：var 變數 = 條件運算式？變數值 1：變數值 2;

簡例 條件運算子簡例。(test03.html)

```
01 <script>
02    var sex = 'Male';
03    var title = (sex == 'Male') ? '先生' : '女士';
04    window.alert(title + '你好!');
05 </script>
```

説明

1. 條件式運算的結果為 true，就將問號後方的字串 '先生'，指定給等號左側的變數 title；如果是 false，則就將冒號後方的字串 '女士'，指定給等號左側的變數 title。

3.2.5 巢狀選擇結構

「巢狀選擇結構」是指在一個選擇結構的 if 敘述區段中或者是在 else 敘述區段中再置入另一個選擇結構。這種結構可以讓原本的一個或兩個選項擴展成多個選項，應用層面會更加廣大。巢狀選擇程式流程圖和語法如下：

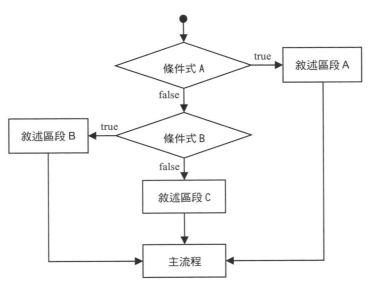

語法

```
if (條件運算式 A) {
    window.alert ("敘述區段 A")；      // 條件式為真時的敘述區段 A
} else {
    if (條件運算式 B)                  // 條件式為假時的敘述區段
        window.alert ("敘述區段 B")；  // 巢狀選擇的分支敘述區段 B
    else
        window.alert ("敘述區段 C")；  // 巢狀選擇的分支敘述區段 C
}
```

🔽 **範例：**

使用巢狀選擇結構來判斷使用者所輸入的 x、y 座標，位於哪一個象限。

程式碼 FileName：quadrant.html

```
01 <!doctype html>
02 <html>
03   <head>
04     <title>QUADRANT</title>
05   </head>
06   <body>
07     <script>
08       var x = Number(window.prompt('請輸入 x 座標值：'));
09       var y = Number(window.prompt('請輸入 y 座標值：'));
10       if(x > 0) {
11         if(y > 0)
12           window.alert(x + "," + y + " 位於第一象限");
13         else
14           window.alert(x + "," + y + " 位於第四象限");
15       }
16       else {
17         if(y > 0)
18           window.alert(x + "," + y + " 位於第二象限");
19         else
20           window.alert(x + "," + y + " 位於第三象限");
21       }
22     </script>
23   </body>
24 </html>
```

執行結果

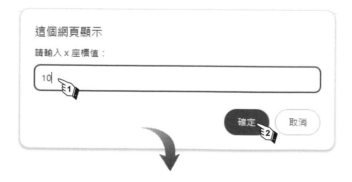

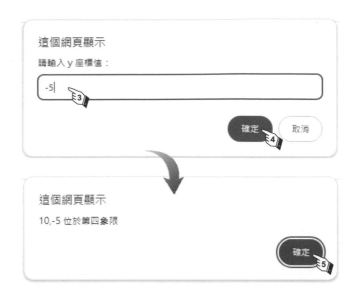

🔍 說明

1. 巢狀結構應適當使用縮排，同一階層的敘述，使用同一長度的縮排，可提高程式碼可讀性。

2. 第 8,9 行：使用輸入對話方塊來輸入 x、y 的座標值。

3. 象限的分佈原則如下：
   ① X 軸和 Y 軸皆是 0 為中心點。
   ② X 軸和 Y 軸皆是正數，則位於第一象限。
   ③ X 軸是負數和 Y 軸是正數，則位於第二象限。
   ④ X 軸和 Y 軸皆是負數，則位於第三象限。
   ⑤ X 軸是正數和 Y 軸是負數，則位於第四象限。

3.2.6　if … else if … else 選擇結構

在 JavaScript 程式中，如果要從多個條件選出一個敘述區段來執行，可以使用 else if 選擇結構，else if 這個選擇結構是 if ... else ... 巢狀選擇結構的變形，也就是將 else 和巢狀結構的 if 合併成一行，如此一來程式碼就較為簡潔易懂。這個選擇結構的流程是由上而下逐一比對條件式，只要條件式的運算結果為真，就會執行該條件的敘述區段，然後結束整個選擇結構。
如果所有條件式的運算皆不成立，就執行 else 的敘述區段。程式流程圖和
語法如下：

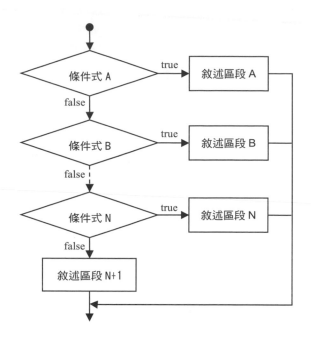

語法

```
if (條件運算式 A)
    window.alert ("敘述區段 A") ;
else if (條件運算式 B)
    window.alert ("敘述區段 B") ;
         ⋮
else if (條件運算式 N)
    window.alert ("敘述區段 N") ;
else
    window.alert ("敘述區段 N+1") ; // 所有條件式皆為假，執行此區段
```

📥 **範例**：elseif.html

設計水果自動分級的應用程式，程式將依照水果重量進行分級，重量大於等於 450 克者為特優品，重量在 449~400 之間者為優良，重量在 399~350 之間者為良品，重量低於 350 克者為格外品。

執行結果

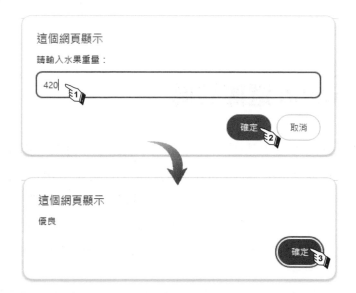

程式碼　FileName：elseif.html

```
01 <! DOCTYPE html>
02 <html>
03   <body>
04     <script>
05       var x = Number(window.prompt('請輸入水果重量：'));
06       if(x >= 450) {
07         window.alert("特優品");
08       } else if(x >= 400) {
09         window.alert("優良");
10       } else if(x >= 350) {
11         window.alert("良品");
12       }
13       else
```

14	window.alert("格外品");
15	</script>
16	</body>
17	</html>

↻ 説明

1. 第 06~14 行：else if 選擇結構。

2. else if 選擇結構會由上向下測試條件式，所以條件式的安排要注意合理性，以免誤判。

3.3 switch 選擇結構

當條件運算式會產生超過兩種以上的結果時，可以使用巢狀選擇敘述來撰寫程式；但是，假如使用太多層的巢狀 if 敘述，會增加程式的複雜度。此時可以使用 switch 多向選擇敘述來撰寫，多向選擇敘述會依條件式之測試結果，不同的結果執行不同的敘述區段，以達到多向選擇的功能。所以 switch 敘述的使用時機是，當一個運算式有多種選擇時使用。

程式流程在執行各敘述區段時，遇到 break 敘述才會離開 switch 敘述，所以 break 敘述是不能省略，否則會繼續向下執行，造成不可預測的執行結果。若需要多個測試值共用一個敘述區段時，可將測試值上下連排，然後才接該敘述區段，並於程式區段最後使用 break 敘述。

如果所有測試都不符合時，需要執行特定動作，則可以建立 default 區段。若無此需求，則可以省略 default 區段。default 區段可置於 switch 選擇結構內任一位置，原則上在撰寫所有 case 區段之後，比較符合閱讀習慣。switch 選擇結構的語法如下：

語法

```
switch (運算式)
{
    case 測試值 A:
        敘述區段 A;
        break;
    case 測試值 B:
        敘述區段 B;
        break;
        ︙
    case 測試值 N:
        敘述區段 N;
        break;
    default:
        敘述區段 N + 1;
        break;
}
```

範例：switch.html

設計一個即時問答的應用程式,題目為「下列條件運算式何者為真
(true):」,選項為「(1) 0 (2) -1+1 (3) "0" (4) ""」;使用者可輸入 1~4
來回答問題,答對會顯示「答對了」對話框,反之則顯示「答錯了」,
若輸入其他按鍵或數值會顯示「選項錯誤」對話框。

執行結果

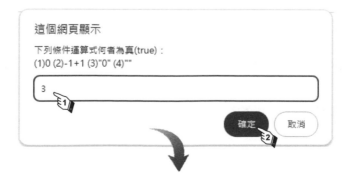

這個網頁顯示

答對了

確定

程式碼　FileName：switch.html

```
01  <! DOCTYPE html>
02  <html>
03    <body>
04      <script>
05        var x = window.prompt
          ('下列條件運算式何者為真(true)：\n(1)0 (2)-1+1 (3)"0" (4)""');
06        switch(x) {
07          case '1':
08          case '2':
09          case '4':
10            window.alert('答錯了');
11            break;
12          case '3':
13            window.alert('答對了');
14            break;
15          default:
16            window.alert('選項錯誤!');
17        }
18      </script>
19    </body>
20  </html>
```

説明

1. 第 06~17 行：switch 選擇結構。

2. switch 在比對測試值時，是使用全等於運算子「===」，也就是資料和型別都要一致。因為透過瀏覽器取得的資料，其資料型別是字串，所以 case 的測試值也要用字串 '1'、'2'、'3'；若是用數值 1、2、3，程式會判定為不相符，流程會被引導去執行 default 區段。

重複結構

4.1 認識重複結構

「重複結構」是結構化程式語言另一項重要的設計模型。在實務上經常會出現某一個敘述區段需要被多次執行，這種相同的動作如果一遍又一遍的寫入程式碼中，會導致程式異常冗長，修改時又需要從頭到尾檢視程式碼，再一一作修正，這種寫法只能稱之為「事倍功半」。較佳的寫法是將這種重複出現的敘述區段置於一個重複結構內，如此一來，同樣性質的敘述只要寫一次，不但程式碼可大幅度縮短，提高了程式的可讀性，特別是當有維護修正的要求時，只需修正此一區段即可，可謂是「事半功倍」的寫法。

重複結構，簡稱為「迴圈」(loop)，位於重複結構內的敘述區段，會反覆地執行，一直到符合某一條件或者集合體中的所有元素均已經處理過之後，才會離開重複結構。JavaScpirt 所提供的迴圈，有「計數重複結構」(for 迴圈)、「前測式重複結構」(while 迴圈)、「後測式重複結構」(do … while 迴圈) 等。

4.2　for 重複結構

JavaScript 所提供的 for 重複結構,有傳統的 for 迴圈、ES5 增加的 for … in 語法及 ES6 新增的 for … of 語法。

4.2.1 for 迴圈

當重複結構內的敘述區段,所重複執行的次數是可以被計數時,就適合使用 for 迴圈。只要設定計數變數的「*初值運算式*」、執行迴圈的「*條件運算式*」、「*增值運算式*」,便能決定迴圈被執行的次數。語法如下:

語法
```
for (初值運算式; 條件運算式; 增值運算式) {
    // 敘述區段
}
```

🔄 **說明**

1. **初值運算式**:通常是指定一個初值給計數變數,此運算式只會在 for 迴圈開始時執行一次。

2. **條件運算式**:運算結果為真 (true) 時,就會執行敘述區段;運算結果為假 (false) 時,就結束 for 迴圈。

3. **增值運算式**:每次執行完迴圈敘述區段後,就會接著執行一次增值運算式,來改變初值。

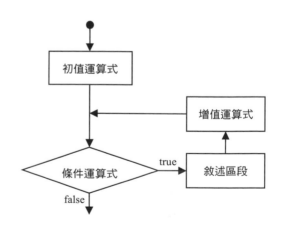

4. 初值、條件、增值的運算式數量若有兩個以上時,運算式之間需使用「,」作為區隔。

⬇ **範例**：

設計一個網站評分的應用程式，使用者可輸入 1～5，做為該網站的評分，程式會將輸入值轉換成星號並顯示於對話框。

執行結果

程式碼 FileName：for.html

```
01  <!DOCTYPE html>
02  <html>
03    <body>
04      <form>
05        <p><label for="score">請為本網站評分(1～5)：</label>
             <input type="text" id="score"></p>
06        <p><input type="button" value="確定" onClick="showMsg()"></p>
07      </form>
08      <script>
09      function showMsg() {
10        var score = document.getElementById('score');
11        var str = '';
12        var n = score.value;
13        for(let i=0; i<n; i++) {
14          str += '★';
15        }
```

```
16          window.alert('您的評分：' + str);
17      }
18    </script>
19    </body>
20 </html>
```

説明

1. 第 5 行：<label> 標籤元素的 for 屬性值為 "score"，輸入欄位元件的 id 屬性值為 "score"，兩者相同，故兩者相對應。當在 <label> 標籤顯示的文字上點按滑鼠，則相應的輸入欄位獲得焦點出現插入點游標。

2. 第 6 行：為按鈕元件，其 onClick="showMsg()"，表示用滑鼠點按時，會觸發寫在 JavaScript 程式的函式 showMsg()。

3. 第 10 行：宣告變數 score，變數值來自 document.getElementById('score') 指定，其中 'score' 是 HTML 元件的 id 值。所以變數 score 的內容是 id="score" 的輸入欄位元件。

4. 第 12 行：score.value 為輸入在輸入欄位元件上面的值，把它指定給變數 n。例如：本例執行結果是輸入 5，則會使 n=5 。

5. 第 13~15 行：for 迴圈的初值為 0，增值為 1；條件式為當計數變數小於輸入值時，執行迴圈敘述，每一次執行迴圈敘述會附加一個星號在變數 str 尾端。

4.2.2 for … in 迴圈

for … in 迴圈用於取出物件的全部屬性名稱。語法如下：

語法

```
for (變數 in 物件) {
    //敘述區段
}
```

簡例 使用 for…in 迴圈。(forin.html)

```
01 <script>
```

```
02    let obj = {David:68, Jack:90};  //宣告一個名稱為 obj 的物件
03    for(let name in obj) {
04      document.write(name + ' : ' + obj[name] + '<br>');
05    }
06  </script>
```

説明

1. 第 02 行：建立一個物件 obj，內含兩個屬性，屬性名稱分別為 David、Jack，其值分別為 68、90。其中物件的屬性與屬性內容值的關係為：屬性值 = 物件名稱[屬性名稱]，即
obj['David']=68、obj['Jack']=90。

2. 第 03~05 行：for … in 迴圈，該語法會依序取出物件 obj 的屬性名稱給變數 name。

3. 第 04 行：依序取出屬性內容值。

4.2.3 for … of 迴圈

for … of 迴圈用於依序取出可迭代物件的所有元素，可迭代物件包括字串、陣列、Map 物件…等。語法如下：

語法	for (變數 of 可迭代物件) {
	　　//敘述區段
	}

簡例 使用 for ... of 迴圈。(forof.html)

```
01 <script>
02   var ary = ['David', 'Jack'];
03   var str = '';
04   for(let name of ary){
05     str += name + '\n';
06   }
07   window.alert(str)
08 </script>
```

```
這個網頁顯示

David
Jack

                                    確定
```

說明

1. 第 02 行：建立一個陣列，內含兩個元素，陣列元素分別為 David、Jack。

2. 第 04~06 行：for ... of 迴圈，該語法會取出可迭代物件 ary 的內容值給變數 name。

4.3 while 重複結構

如果迴圈敘述區段的執行次數無法事先得知時，可使用 while 重複結構來處理，while 迴圈又可稱為條件式迴圈。while 迴圈有下列兩種型式：

● 前測式條件迴圈：while ...
● 後測式條件迴圈：do ... while

4.3.1 前測式條件迴圈

　　所謂「前測式條件迴圈」就是條件判斷式位於迴圈的最前面，執行時程式流程會先測試條件式是否為真？若是為 true 時，就執行迴圈敘述區段一次，然後回到迴圈最前面再次判斷條件式運算結果；迴圈會一直執行到條件式不符合時才離開迴圈。流程圖及語法如下：

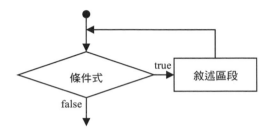

語法

```
while (條件式) {
    // 敘述區段
}
```

範例 使用前測式迴圈。(while.html)

```
01 <script>
02   var i = 1;
03   var sum = 0;
04   while(i <= 10) {
05     sum += i;
06     i++;
07   }
08   document.write('1+2+...+9+10 = ' + sum);
09 </script>
```

⟳ 說明

1. 第 4~7 行：前測式迴圈。

2. 第 5~6 行：迴圈敘述區段在變數 i 小於等於 10 的情況下，會持續執行；當變數 i 等於 11 時，就會離開迴圈結構。

4.3.2 後測式條件迴圈

後測式條件迴圈的語法是以 do 做為迴圈結構的起點，結構尾端以 while (條件式) 判斷是否結束重複結構。由此可知 do … while 迴圈的特點是：必須先執行迴圈敘述一次，再來判斷條件運算式的結果。若運算結果為真，則再執行迴圈敘述一次；若運算結果為假，就離開迴圈。流程圖及語法如下：

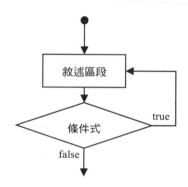

語法	do {
	   // 敘述區段
	} while (條件式);

簡例 使用後測式迴圈。(dowhile.html)

```
01 <script>
02   do {
03     var x =  window.prompt('骰子擲出幾點？(1 ~ 6)');
04   } while(x < 1 || x > 6);
05   window.alert('骰子擲出 ' + x + ' 點');
06 </script>
```

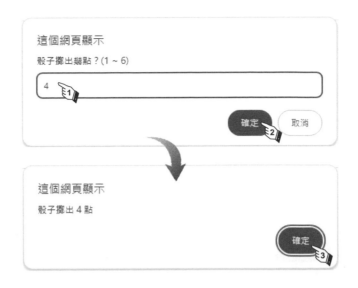

⟳ 説明

1. 第 2~4 行：後測式迴圈。使用者輸入 1 ~ 6 中的任一數時，結束迴圈。

2. 第 3 行：變數 x 在迴圈敘述中用 var 宣告，在 JavaScript 中是會被當作全域變數。

3. 第 4 行：條件式後的分號可以省略，不過建議還是明確標示出陳述句結尾較佳。

4.4　巢狀迴圈

　　當迴圈結構內的敘述區段中含有迴圈結構時，這種一層一層由內而外的迴圈結構稱為「巢狀迴圈」。內層迴圈及外層迴圈可使用 for 迴圈、while 迴圈，或者混合使用。巢狀迴圈通常使用於輸出二維的表格或有規律性的資料。

⬇ 範例：

設計一個可以在瀏覽器上顯示九九乘法表的應用程式。

執行結果

```
nloop.html          ×   +                    —  □  ×

←  →  C   ① 檔案  C:/js/ch04/nloop.html        ☆  ⬭ │ ▯ ▲ ⋮

1×1=1 1×2=2 1×3=3 1×4=4 1×5=5 1×6=6 1×7=7 1×8=8 1×9=9
2×1=2 2×2=4 2×3=6 2×4=8 2×5=10 2×6=12 2×7=14 2×8=16 2×9=18
3×1=3 3×2=6 3×3=9 3×4=12 3×5=15 3×6=18 3×7=21 3×8=24 3×9=27
4×1=4 4×2=8 4×3=12 4×4=16 4×5=20 4×6=24 4×7=28 4×8=32 4×9=36
5×1=5 5×2=10 5×3=15 5×4=20 5×5=25 5×6=30 5×7=35 5×8=40 5×9=45
6×1=6 6×2=12 6×3=18 6×4=24 6×5=30 6×6=36 6×7=42 6×8=48 6×9=54
7×1=7 7×2=14 7×3=21 7×4=28 7×5=35 7×6=42 7×7=49 7×8=56 7×9=63
8×1=8 8×2=16 8×3=24 8×4=32 8×5=40 8×6=48 8×7=56 8×8=64 8×9=72
9×1=9 9×2=18 9×3=27 9×4=36 9×5=45 9×6=54 9×7=63 9×8=72 9×9=81
```

程式碼　FileName : nloop.html

```html
01 <!DOCTYPE html>
02 <html>
03   <body>
04     <script>
05       for (let i = 1 ; i < 10 ; i++) {
06         for (let j = 1 ; j < 10 ; j++) {
07           document.write(i + ' x ' + j + ' = ', i * j + ' ');
08         }
09         document.write('<br>');
10       }
11     </script>
12   </body>
13 </html>
```

説明

1. 第 5~10 行：外迴圈。

2. 第 9 行：下達一個換行指令。

3. 第 6~8 行：內迴圈。輸出九九乘法表，迴圈敘述總共會被執行 81 次。

4. 巢狀迴圈在撰寫時應適當使用縮排，同一階層的敘述，使用同一長度的縮排，可提高程式碼可讀性。

4.5 | break、continue

break、continue 是 JavaScript 語法中的跳躍敘述，程式流程遇到跳躍敘述時，會跳到新位置，向下繼續執行。跳躍敘述的使用時機是，當發生某一條件時，就轉移程式流程，所以跳躍敘述之前會有一則條件運算式。

4.5.1 break

break 在前一章 switch 出現過，其功用是作為 switch 選擇結構的結束敘述。在重複結構中若有中斷迴圈執行的需求，同樣可使用 break 敘述；單層迴圈中程式流程遇到 break 會中斷整個迴圈，同時結束此次迴圈；如果是在巢狀迴圈中，則是跳出 break 敘述所在的迴圈。語法如下：

語法
```
for ( 初值 ; 條件式 ; 增值 ) {
    敘述區段 A ;
    break; ─────┐
    敘述區段 B ;     │
}                   │
    ◄───────────────┘
```

簡例 迴圈由 1 計數到 10，計數時同時計算其累計，若累計超過 30，就結束計數迴圈。(break.html)

```
01 <script>
02   var sum = 0;
03   var str = '';
04   var i = 1;
05   for( ; i <= 10; i ++) {
06     sum += i;
07     if (sum > 30)
08       break;
09     str += i + ' ' + ';
10     }
```

```
11    window.alert(str + i + ' = ' + sum);
12  </script>
```

> 這個網頁顯示
>
> 1 + 2 + 3 + 4 + 5 + 6 + 7 + 8 = 36
>
> 確定

🔍 説明

1. 第 7,8 行：條件式運算的結果為 true，就會執行第 8 行跳躍敘述，脫離迴圈，執行第 11 行敘述。

4.5.2 continue

　　continue 敘述也會中斷迴圈敘述的執行，不同的是程式流程會跳至迴圈的開頭；換言之，程式流程遇到 continue 敘述就會「取消本次迴圈，直接進行下次迴圈」。語法如下：

語法

```
for ( 初值 ; 條件式 ; 增值 ) {
    敘述區段 A;
    continue;
    敘述區段 B;
}
```

簡例 列出 1～20 之間，既不是 2 的倍數也不是 3 的倍數的所有整數。

(continue.html)

```
01 <script>
02   var str = '';
03   for(var i = 1; i <= 20; i ++) {
04     if ((i % 2 == 0) || (i % 3 == 0))
05       continue;
06     str += i + ' ';
```

```
07     }
08     window.alert(str);
09 </script>
```

```
這個網頁顯示
1 5 7 11 13 17 19
                                    確定
```

🔁 **説明**

1. 第 4,5 行：條件式運算的結果為 true，就會執行第 5 行跳躍敘述，放棄執行後續敘述，直接執行第 3 行迴圈敘述。

4.5.3 跳躍敘述與 label

　　在巢狀迴圈的內層迴圈中使用 break、continue 敘述時，動作範圍僅限於該迴圈。但若配合使用 label 標籤可以突破這個限制，程式流程可直接跳躍到標籤位置，並向下繼續執行。標籤名稱設置時，必須使用合法的 JavaScript 識別項名稱，再加上一個冒號。至於標籤名稱在使用時，就不必加上冒號。語法如下：

<table>
<tr><td>語
法</td><td>

```
labelName:
迴圈 A {
    敘述區段 A;
    迴圈 B {
        敘述區段 B;
        continue labelName;
        敘述區段 C;
    }
}
```

</td></tr>
</table>

⬇ **範例：**

修改前面簡例中的九九乘法表為九四乘法表。

執行結果

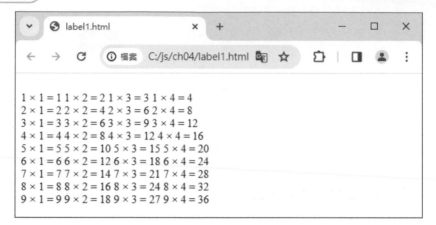

程式碼 FileName：label1.html

```
01 <!DOCTYPE html>
02 <html>
03   <body>
04     <script>
05       label1:
06       for (let i = 1 ; i < 10 ; i++) {
07         document.write('<br>');
08         for (let j = 1 ; j < 10 ; j++) {
09           if (j > 4)
10             continue label1;
11           document.write(i + ' x ' + j + ' = ', i * j + ' ');
12         }
13       }
14     </script>
15   </body>
16 </html>
```

🔄 **説明**

1. 第 5 行：標籤名稱。

2. 第 9,10 行：跳躍敘述，當條件式運算結果為真時，會執行第 10 行，跳躍至標籤位置，繼續執行巢狀迴圈。

3. 第 10 行：如果跳躍敘述改成 break，當條件式運算結果為真時，會跳躍至標籤位置，並且結束巢狀迴圈。

　　標籤也可以用來跳離敘述區段，何謂敘述區段，程式碼中如果有若干行的敘述句被大括弧包圍起來，就稱為敘述區段。語法如下：

語法

```
labelName:
{
    敘述句 A;
    break labelName;
    敘述句 B;
}
```

簡例 跳躍出敘述區段之簡例。(label2.html)

```
01 <script>
02   label1:
03   {
04     var x =  window.prompt('請輸入非 0 的數字 (1〜9)');
05     if(x == 0)
06       break label1;
07     window.alert('90 / ' + x + ' = ' + (90 / x));
08   }
09   window.alert('輸入的數字 = ' + x);
10 </script>
```

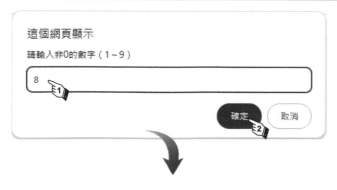

這個網頁顯示

請輸入非0的數字（1~9）

8

確定　　取消

⟳ 説明

1. 第 2 行：標籤名稱。

2. 第 3~8 行：敘述區段。

3. 第 5,6 行：判斷輸入值如果等於 0 就執行第 6 行，跳躍到標籤敘述區段的最後面，並且向下繼續執行。

陣列

5.1　認識陣列

若想要記錄一位同學的身高時，必須宣告一個變數來存放寫法如下：

```
var height = 165;
```

如果要記錄 30 位學生的身高資料時，要為 30 個變數的命名、宣告和設定初值就變得相當麻煩。除了程式變得冗長外，也增加程式維護的困難度。

```
var height1, height2, ......, height30;
height1 = 165;
height2 = 172;
...
height30 = 158;
```

JavaScript 提供「陣列」(Array) 物件，可將同性質的資料存放在同一個陣列中。上面簡例就可用下面 heights 陣列來存放 30 位同學的身高資料：

```
var heights = [165, 172, ..., 158];
```

JavaScript 陣列也可以記錄一位同學多項不同資料型別的資料，例如姓名、身高和體重，程式寫法如下：

```
var datas = ['王小明', 165, 52.5];
```

5.2 陣列的宣告及使用

陣列是一種有順序的序列物件，陣列中可以存放不定數量的資料，資料值可以是任意資料型別，這些資料稱為陣列的「元素」(Elements)。陣列中元素值可以為基本資料型別，也可以為陣列、函式、物件...等。在程式中使用陣列的時機，是當需要處理多個有順序性或有關聯性的資料時，可以用陣列中的陣列元素來取代多個變數。

5.2.1 如何宣告陣列

JavaScript 陣列的宣告方式通常是在宣告時，同時指定陣列的元素值，元素值使用 [ ] 符號括住，元素值間用逗號「,」加以區隔。陣列元素值的數量可任意指定，而且資料型別可以各不相同。宣告語法如下：

語法
語法 1：var 陣列 = [元素值 1, 元素值 2, ...];//宣告陣列並指定初值
語法 2：var 陣列 = [];   //宣告空陣列
語法 3：var 陣列 = new Array(元素個數);   //只宣告陣列元素個數

簡例 常用的陣列宣告方式如下：

```
01   var fruits = ['香蕉', '荔枝'];    // 宣告 fruits 陣列,其中有兩個字串元素
02   var nums = [1, 2, 3, 4, 5];      // 宣告 nums 陣列,其中有五個整數元素
03   var datas = ['張三', 98, 87];    // 宣告 datas 陣列,其中有一個字串和兩個整數元素
04   var members = [];                // 宣告 members 陣列,為空陣列其中沒有元素
05   var array1 = new Array(3);       // 宣告 array1 陣列,有三個沒有指定值的陣列元素
```

元素	fruits[0]	fruits[1]
元素值	'香蕉'	'荔枝'

注意陣列的最後一個元素後面不要再加上逗號「,」，例如 ['香蕉', '荔枝',]。語法 3 建議少用以避免陣列有許多空洞，甚至造成程式執行錯誤。

5.2.2 如何存取陣列元素值

陣列中的每一個資料稱為一個元素，每一個元素儲存在陣列中固定的位置，這些位置稱為「**索引**」(Index)，或稱做「**註標**」。陣列的索引值從 0 開始，表示是陣列的第一個元素，而第二個之後的元素索引值則依序加 1 (0, 1, 2, 3, ...)。程式中可以用 [ ] 運算子來存取陣列中的元素，語法如下：

 陣列[索引值]

簡例 宣告名稱為 n 的陣列，其中有 11、22、33、44 四個元素，讀取第一個陣列元素值，並修改第二個陣列元素的值為 100。(get.html)

```
01  var n = [11, 22, 33, 44];
02  document.write('陣列n = ', n);  // 顯示 陣列 n = 11,22,33,44
03  var first = n[0];              // 取得第一個陣列元素值
04  n[1] = 100;                    // 修改第二個陣列元素的值為 100
05  document.write('first = ', first, '; 第二個元素 = ', n[1]);
                                   // 顯示 first = 11; 第二個元素=100
```

陣列是一種物件，如果想要得知陣列的長度 (也就是元素個數)，可以使用陣列的 length 屬性，語法為：

 陣列.length

簡例 繼續上面簡例，取得 n 陣列的長度，並將 n 陣列最後一個陣列元素的值修改為 99。

```
01  var last = n.lenght;   // 取得n陣列的長度
02  n[last - 1] = 99;      // 最後一個陣列元素的索引值為陣列長度減 1
03  document.write('最後一個元素 = ', n[last - 1]);   // 顯示 最後一個元素 = 99
```

5.2.3 使用迴圈存取陣列的內容

由於陣列元素的索引可以是整數常值、變數或運算式，因此可以透過 for 或 while 迴圈改變陣列元素的索引值，來存取指定的陣列元素值。譬如：要存取多個相同性質的資料時，使用陣列並且配合迴圈，只要改變陣列的索引值即能逐一存取陣列元素。

📥 **範例：**

設計某餐廳的應用程式，會在網頁的段落內逐行顯示每種套餐。

執行結果

程式碼 FileName : restaurant.html

```
01 <!DOCTYPE html>
02 <html>
03   <body>
04     <p id="menu"></p>
05     <script>
06       var menu = document.getElementById('menu');
07       var dishs = ['沙朗牛排', '義大利千層麵', '漢堡排', '總匯三明治'] ;
08       var i = 0;
09       for (i=0; i<dishs.length ; i++) {
10         menu.innerHTML += dishs[i] + '<br>';
11       }
12     </script>
13   </body>
14 </html>
```

↻ 說明

1. 第 4 行：在網頁建立一個 id 屬性為 menu 的 <p> 段落元素。

2. 第 6 行：宣告變數 menu，變數值由 document.getElementById('menu') 指定，其中 'menu' 是 HTML 文件 <p> 段落元素的 id 屬性值。變數 nemu 是一個代表 <p> 段落元素的物件，所以變數 nemu.innerHTML 的值是 id="menu" 的 <p> 段落元素內容。

3. 第 7 行：宣告一個 dishs 陣列，其元素為四個套餐名稱字串。

4. 第 9~11 行：使用 for 迴圈逐一讀取 dishs 陣列的元素值，並在 menu 物件 (段落元素) 顯示。其中使用 menu 物件的 length 屬性，來取得陣列元素的個數。

5. 第 10 行：使 menu 物件 (段落元素) 的文本 (innerHTML 屬性值) 逐一增加 dishs 陣列的元素值，達成將陣列的元素值顯示在網頁段落元件文本內。其中 '<br>' 為換行指令，使接著要顯示的文字在下一行顯示。

Tips　第 9~11 行程式可改用 while 迴圈，寫法如下：(restaurant2.html)

```
while (i < dishs.length) {
  menu.innerHTML += dishs[i++] + '<br>';
}
```

⬇ 範例：

設計一個可以完成下列工作的迴圈：

1. fruits 陣列有 '荔枝'、'芒果'、null、'香蕉'、'蓮霧' 五個元素。

2. 從頭逐一檢查 fruits 陣列元素值，搜尋是否有「香蕉」。

3. 如果陣列元素值為 null，則立刻跳到下一個元素。

4. 找到「香蕉」時，就馬上結束迴圈。

執行結果

程式碼 FileName : search.html

```
01  <!DOCTYPE html>
02  <html>
03    <body>
04      <script>
05        var fruits=['荔枝', '芒果', null, '香蕉', '蓮霧'];
06        for (let i=0; i < fruits.length; i++) {
07          if(fruits[i] == null)
08            continue;
09          if(fruits[i] == '香蕉') {
10            document.write('找到了！');
11            break;
12          }
13          document.write(fruits[i] + '<br>');
14        }
15      </script>
16    </body>
17  </html>
```

説明

1. 第 6~14 行：使用 for 迴圈逐一讀取 fruits 陣列的元素值，然後檢查值是否為 null 或是 '香蕉'，否則就顯示元素值。

2. 第 7~8 行：檢查陣列的元素值是否為 null，若是就用 continue 跳過以下敘述，繼續檢查下一個元素。

3. 第 9~12 行：檢查陣列的元素值是否為 '香蕉'，若是就顯示「找到了！」，並用 break 離開 for 迴圈。

5.3　陣列的常用方法

　　陣列是一種物件，前面介紹用 length 屬性可以取得陣列元素的個數。
JavaScript 也提供許多方法，可以用來操作陣列，如：執行 Array.isArray(x)
方法後，傳回值若為 true 表 x 為陣列物件；為 false 則不是陣列。

5.3.1　陣列與字串轉換

　　使用陣列的 join() 和 split() 方法，可以將陣列和字串互相轉換，而原陣
列不會被改變。

一. join() 方法

　　使用陣列的 join() 方法，可以將陣列的元素值以指定分隔符號，依序
結合成字串。未指定分隔符號時，預設以逗號「,」分隔。

> **語法**　陣列.join([分隔符號]);

簡例 ary 陣列其中有 1、2、3 三個元素，使用 join()方法結合成字串。

```
01   var ary = [1, 2, 3];
02   var str1 = ary.join();          // str1 = '1,2,3'
03   var str2 = ary.join('-');       // str2 = '1-2-3'，指定以分號「-」分隔
04   var str3 = ary.join('');        // str3 = '123'，指定以空字串分隔
```

二. split() 方法

　　使用陣列的 split()方法，可以將字串依照指定的分隔符號，拆解成為陣
列的元素，可以用來建立陣列。

> **語法**　陣列 = 字串.split(分隔符號);

簡例 將字串使用 split() 方法拆解成為陣列的元素。

```
01  var ary1 = '1,2,3'.split(',');       // ary1 = ['1', '2', '3']
02  var ary2 = 'How are you'.split(' '); // ary2 = ['How', 'are', 'you']
```

5.3.2 陣列元素排序

一. sort()方法

使用陣列的 sort() 方法，可以將陣列的元素值由小到大遞增排序，如果是字串則會依照 Unicode 值小大排序。

語法 陣列.sort();

簡例 ary 陣列其中有 3、1、4、2 四個元素，使用 sort() 方法做遞增排序。

```
01  var ary1 = [3, 1, 4, 2];
02  ary1.sort();                     // ary1 = [1, 2, 3, 4]
03  var ary2 = ['d', 'a', 'c', 'b'];
04  ary2.sort();                     // ary2 = ['a', 'b', 'c', 'd']
```

二. reverse()方法

使用陣列的 reverse() 方法，可以將陣列元素順序反轉。陣列使用 sort() 方法後元素值會遞增排序，若接著再使用 reverse() 方法則可以使陣列元素遞減排序。

語法 陣列.reverse();

簡例 ary 陣列其中有 3、1、4、2 四個元素，使用 reverse()方法做反轉。

```
01  var ary = [3, 1, 4, 2];
02  ary.reverse();                   // ary = [2, 4, 1, 3]
```

5.3.3 增刪一個陣列元素

一. shift()、pop() 方法 - 刪除陣列元素

使用陣列的 shift()、pop() 方法，可以刪除陣列最前面或最後面一個陣列元素。

> **語法**
> 陣列.shift();   // 移除陣列的第一個元素
> 陣列.pop();   // 移除陣列的最後一個元素

簡例 ary 陣列其中有 11、22、33、44 四個元素，依序使用 pop()、shift() 方法後觀察其結果。

```
01  ary.pop();              // 移除最後一個元素,此時 ary = [11, 22, 33]
02  ary.shift();            // 移除第一個元素,此時 ary = [22, 33]
```

二. unshift()、push() 方法 - 增加陣列元素

使用陣列的 unshift()、push() 方法，可以在陣列最前面或最後面插入一個指定的陣列元素。

> **語法**
> 陣列.unshift(元素值);   // 在陣列的最前面插入一個元素
> 陣列.push(元素值);   // 在陣列的最後面插入一個元素

簡例 ary 陣列中有 'A'、'B'、'C'、'D' 四個元素，依序使用 push()、unshift() 方法插入 'X' 和 'Y' 元素。

```
01  ary.push('X');          // ary = [ 'A', 'B', 'C', 'D', 'X' ]
02  ary.unshift('Y');       // ary = [ 'Y', 'A', 'B', 'C', 'D', 'X' ]
```

📥 範例：

nums 陣列有 22、44、66、88 四個元素，執行下列程式後，請依序顯示 nums 陣列的元素值：

```
nums.shift();
nums.pop();
nums.push(11);
nums.unshift(99);
```

執行結果

程式碼 FileName : popPush.html

```
01 <!DOCTYPE html>
02 <html>
03   <body>
04     <script>
05       var nums = [22, 44, 66, 88] ;
06       nums.shift();
07       nums.pop();
08       nums.push(11);
09       nums.unshift(99);
10       for (var i = 0; i < nums.length; i++) {
11         document.write(nums[i] + '<br>');
12       }
13     </script>
14   </body>
15 </html>
```

説明

1. 第 6 行：nums 陣列使用 shift() 方法，會移除第一個陣列元素，執行後 nums = [~~22,~~ 44, 66, 88]。

2. 第 7 行：nums 陣列使用 pop() 方法，會移除最後一個陣列元素，執行後 nums = [44, 66 ~~, 88~~]。

3. 第 8 行：nums 陣列使用 push(11) 方法，會在陣列最後面插入元素 11，執行後 nums = [44, 66, (11)]。

4. 第 9 行：nums 陣列使用 unshift(99) 方法，會在陣列最前面插入元素 99，執行後 nums = [(99) 44, 66, 11]。

5.3.4 增刪多個陣列元素

一. concat() 方法

　　使用陣列的 concat() 方法可以新增元素，也可以用來合併兩個或多個陣列。此方法會回傳一個新陣列，原陣列的內容不會受到改變。

> **語法**
>
> 語法 1：var 新陣列 = 原陣列.concat(新元素 1[, 新元素 2[, …]]);
> 語法 2：var 新陣列 = 原陣列.concat();

　　語法 1 會將括號 ( ) 裡的參數合併到原陣列，參數可以是一個元素、多個元素、陣列或是物件，但是要注意巢狀陣列僅會拆解第一層。語法 2 可以用來複製一維陣列，但是巢狀的多維陣列不能適用。

簡例

```
01  var ary1 = ['a', 'b'];
02  var ary2 = ary1.concat('c', 'd');    // ary2 = ['a', 'b', 'c', 'd' ]
03  var ary3 = ['e', 'f'];
04  var ary4 = ary1.concat(ary3);        // ary4 = ['a', 'b', 'e', 'f' ]
05  var ary5 = ary1.concat(['c', 'd'], ary3);
                        // ary5 = ['a', 'b', 'c', 'd' 'e', 'f' ]
06  var ary6 = ary1.concat(['c', ['d', 'e']]);
                        // ary6 = ['a', 'b', 'c', ['d', 'e'] ]
07  var ary7 = ary1.concat();        // ary7 = ['a', 'b']
```

二. slice() 方法

　　使用陣列的 slice() 方法，可以將陣列中指定的元素區塊，複製成陣列回傳。執行 slice() 方法後，原陣列內容不會變更。注意方法中參數是為陣列元素的索引，而複製的元素區塊不包含終止索引，也就是取到終止索引的前一個元素。

> **語法** var 新陣列 = 原陣列.slice([起始索引[, 終止索引]]);

　　如果同時省略起始和終止索引時，表全部複製。如果只省略終止索引時，表取到最後一個元素。如果索引值為負數，表示由後往前算，最後一個元素的索引值為 -1。如下以有 5 個元素的 ary1 陣列為例：

索引值	0	1	2	3	4
ary1 =	[1,	2,	3,	4,	5];
索引值	-5	-4	-3	-2	-1

簡例

```
01   var ary1 = [1, 2, 3, 4, 5];
02   var ary2 = ary1.slice(2, 4);          // ary2 = [3, 4]
03   var ary3 = ary1.slice(2);             // ary3 = [3, 4, 5]
04   var ary4 = ary1.slice(-2);            // ary4 = [4, 5]
05   var ary5 = ary1.slice(1, -1);         // ary5 = [2, 3, 4]
06   var ary6 = ary1.slice();              // ary6 = [1, 2, 3, 4, 5]
```

 Tips 有一個 array1 陣列，如果執行 var array2 = array1; 敘述，此時只是將 array2 參考指向 array1，也就是兩者會使用同一個陣列，修改 array2 內容時 array1 也會同步變動，反之亦然。如果想要複製陣列，可以使用 for 迴圈逐一複製，也可以使用 concat() 和 slice() 方法較為簡便，但只適用於一維的陣列。

三. splice()方法

　　使用陣列的 splice() 方法，可以刪除陣列元素並同時加入新的元素，該陣列的內容會被改變。執行 splice() 方法後會傳回一個陣列，其內容為所刪除的元素。起始索引不可以省略，可以為負數表由後向前算。刪除個數參數為 0 時，表示不刪除元素。省略刪除個數參數時，會刪除從起始索引起的所有元素。新增的元素會從起始索引起插入。

> **語法**　var 新陣列 = 陣列.splice(起始索引[, 刪除個數 [, 新元素 1[, 新元素 2[, …]]]]);

簡例 ary1 陣列為[1, 2, 3, 4, 5]，分別執行下列敘述後觀察其結果。

原陣列刪除 2 個元素　　刪除元素組成的陣列

```
01 var ary2 = ary1.splice(2,2);      // ary1=[1,2,5],     ary2=[3,4]
02 var ary3 = ary1.splice(-2,1);     // ary1=[1,2,3,5], ary3=[4]
03 var ary4 = ary1.splice(1,3,-1,-2); // ary1=[1,-1,-2,5],ary4=[2,3,4]
04 var ary5 = ary1.splice(2,0,-1,-2); // ary1=[1,2,-1,-2,3,4,5],ary5=[]
```

5.3.5 走訪陣列元素

使用陣列的 forEach() 方法會逐一讀取陣列元素，傳入並執行指定的函式，可以在函式進行各種運算，如有修改元素值會改變該陣列內容。

> **語法**　陣列.forEach(callback[, thisArg]);

forEach() 方法中第一個參數 callback 為函式可以有三個參數，其中目前元素值參數不可以省略。函式的詳細用法請參考第 6 章內容。

> **語法**
> ```
> function (目前元素值 [, 索引值[, 陣列]]) {
>     // 敘述區塊
> }
> ```

簡例 使用 forEach() 方法列出 fruits 陣列的所有元素值。(forEach.html)

```
01 var fruits=['荔枝', '芒果', '香蕉', '蓮霧'];
02 fruits.forEach(function(value, index) {
03   document.write('fruits['+index+'] = ' + value + '<br>');
04 });
```

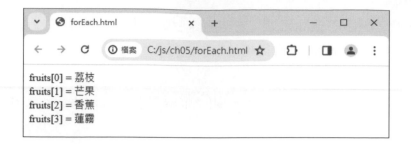

```
fruits[0] = 荔枝
fruits[1] = 芒果
fruits[2] = 香蕉
fruits[3] = 蓮霧
```

5.3.6 搜尋陣列元素

一. indexOf() 方法

使用陣列的 indexOf() 方法可以搜尋指定元素值，找到時不再往下找傳回該元素值的索引值；找不到時會回傳 -1。起始索引參數可以指定搜尋的起點，省略時表從頭搜尋。

> **語法**
>
> var 變數 = 陣列.indexOf(搜尋值[, 起始索引])

簡例

```
01 var arr = ['A', 'B', 'C', 'D', 'C', 'B', 'a'];
02 var index1 = arr.indexOf('C');        // index1 = 2
03 var index2 = arr.indexOf('B', 2);   // index2 = 5，從索引值 2 起找到第二個'B'
04 var index3 = arr.indexOf('A', 3);   // index3 = -1，從索引值 3 起找不到'A'
```

二. find() 方法

使用陣列的 find() 方法，可以搜尋滿足指定函式條件的元素，找到時傳回第一個元素值；找不到時會回傳 undefined。

> **語法**
>
> var 變數 = 陣列.find (function (目前元素 [, 索引值[, 陣列]]) {
>   // 敘述區塊
> });

簡例 搜尋 ary 陣列中第一個符合介於 60 ~ 100 的元素值。

```
01   var ary = [10, 120, 40, 80, 60];
02   var found = ary.find(function(element)){
03     return element >= 60 && element <= 100);
04   });                                    // found = 80
```

三. map() 方法

使用陣列的 map() 方法會建立一個新陣列，其中是經過指定函式處理後的元素值，原陣列不會被修改。

語法
> var 新陣列 = 陣列.map (function (目前元素 [, 索引值[, 陣列]]) {
>   // 敘述區塊
> });

簡例 修正 ary 陣列中的元素值使介於 0 ~ 100。

```
01   var ary = [10, 120, 40, -80, 60];
02   var newAry = ary.map(function(element){
03     if (element < 0) {
04       return 0;
05     } else if (element > 100) {
06       return 100;
07     } else {
08       return element;
09     }
10   });                       // newAry = [10, 100, 40, 0, 60]
```

四. filter()方法

使用陣列的 filter() 方法會建立一個新陣列，其中是原始陣列中符合指定函式的元素，原陣列不會被修改。

語法
> var 新陣列 = 陣列. filter (function (目前元素 [, 索引值[, 陣列]]) {
>   // 敘述區塊
> });

簡例 取得 ary 陣列中介於 0 ~ 100 的所有元素。

```
01  var ary = [10, 120, 40, -80, 60];
02  var newAry = ary.filter(function(element) {
03      return element >= 0 && element <= 100;
04  });                              // newAry = [10, 40, 60]
```

範例:

names 陣列 ('^張三'、'李^四'、'王五^'、'^張^良'、'^張^^飛^') 為會員姓名資料(^ 代表空白字元),先將 names 陣列的所有元素值移除其中的空白字元,然後再搜尋出所有姓「張」的陣列元素,而原始 names 陣列的內容不能更動。

執行結果

程式碼 FileName : searchName.html

```
01  <!DOCTYPE html>
02  <html>
03    <body>
04    <script>
05      var names = [' 張三', '李 四', '王五 ', ' 張 良', ' 張  飛 '];
06      var newAry1 = names.map(function(element) {
07        return element.split(' ').join('');
08      });
09      var newAry2 = newAry1.filter(function(element){
10        if(element.slice(0, 1) == '張')
11          return element;
12      });
13      newAry2.forEach(function(element){
```

```
14          document.write(element + '<br>');
15      });
16  </script>
17  </body>
18  </html>
```

説明

1. 第 5 行：names 陣列中有 5 個元素，其元素值的頭、尾或中間可能有空白字元，例如：'^張^^飛^' (^ 代表空白字元)。

2. 第 6~8 行：names 陣列使用 map() 方法，經過移除空白字元函式處理後，將新元素值存入 newAry1 新陣列中。

3. 第 7 行：字串是字元所組成的陣列，所以也使用陣列的方法。要想移除字串中的空白字元，先用 split(' ') 方法將字串以空白字元為分隔符號拆解成陣列，再用 join('') 方法以空字串為分隔符號組成字串。

4. 第 9~12 行：newAry1 陣列使用 filter() 方法，經過函式檢查元素值的第一個字元是否為「張」的處理後，將符合的元素值存入 newAry2 新陣列中。

5. 第 10~11 行：目前的元素值用 slice(0, 1) 方法取第一個字元，如果等於 '張' 就傳回該元素到新陣列。

6. 第 13~15 行：newAry2 陣列使用 forEach() 方法，顯示所有的元素值。

5.4 二維陣列

　　其實 JavaScript 不支援多維陣列，但是因為陣列中的元素可以存放陣列，可以藉此來建立多維陣列。所以，JavaScript 的多維陣列是指「陣列中有陣列」的結構。因為維數越多會越難處理，所以一般常見的是二維陣列。二維陣列可以用來處理類似表格的資料，例如：班級學生月考成績、公司各營業處每月的銷售額…等。

```
var ary = [
    [1, 2, 3],
    [4, 5, 6],
];
// 也可以寫為：var ary = [[1, 2, 3], [4, 5, 6]];
```

執行以上敘述後，會建立如下表所示的 ary 陣列。其中
ary.length 屬性值為 2，元素分別為 ary[0]、ary[1]。
ary[0].length 屬性值為 3，元素分別為 ary[0][0]、ary[0][1]、ary[0][2]。

ary[0]	ary[0][0] = 1	ary[0][1] = 2	ary[0][2] = 3
ary[1]	ary[1][0] = 4	ary[1][1] = 5	ary[1][2] = 6

簡例 使用 for 迴圈列出 ary 陣列的所有元素。(multiAry.html)

```
01  var ary = [[1, 2, 3], [4, 5, 6]];
02  for (var i = 0; i < ary.length; i++) {
03    for (var j = 0; j < ary[i].length; j++) {
04      document.write(ary[i][j] + ' ');
05    }
06    document.write('<br>');
07  }
```

例如設計一個井字遊戲程式，使用上列敘述宣告 game 陣列存放賽局，
「O」值是存放在 game[0][2] 陣列元素中，而「X」值是存放在 game[2][1]
陣列元素。game 陣列元素值表列如下：

game[0]	game[0][0] = '-'	game[0][1] = '-'	game[0][2] = 'O'
game[1]	game[1][0] = '-'	game[1][1] = '-'	game[1][2] = '-'
game[2]	game[2][0] = '-'	game[2][1] = 'X'	game[2][2] = '-'

01	var game = new Array(3);	//宣告一個有三個元素的陣列 game
02	game[0] = ['-', '-', 'O'];	//設定第一個元素值
03	game[1] = ['-', '-', '-'];	//設定第二個元素值
04	game[2] = ['-', 'X', '-'];	//設定第三個元素值

📥 **範例：**

data 陣列存放公司北區、南區營業處 1~3 月的營業額，請撰寫程式將資料在網頁上以表格方式顯示。

執行結果

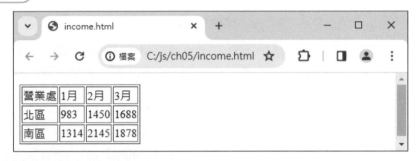

程式碼　FileName : income.html

01	`<!DOCTYPE html>`
02	`<html>`
03	`  <body>`
04	`    <p id = 'table'></p>`
05	`    <script>`
06	`      var data = [['營業處','1月','2月','3月'],`
07	`                   ['北區','983','1450','1688'],`
08	`                   ['南區','1314','2145','1878']];`
09	`      lenY = data.length;`
10	`      lenX = data[0].length;`
11	`      text = "<table border='1'><tr>";`
12	`      for (let i = 0; i < lenY; i++) {`
13	`        for(let j = 0; j < lenX; j++) {`
14	`          text += "<td>" + data[i][j] + "</td>";`
15	`        }`
16	`        text += "</tr>";`

17	}
18	text += "</table>";
19	document.getElementById("table").innerHTML = text;
20	</script>
21	</body>
22	</html>

⌕ 説明

1. 第 6~8 行：宣告 data 二維陣列存放公司營業額資料。

2. 第 9,10 行：lenY 值為表格橫列的數量-1，lenX 為表格直行的數量-1。

3. 第 11 行：宣告 text 為繪製表格的字串，預設有 <table> 表格元素並設定框線寬度為 1，以及 <tr> 表格橫列元素。

4. 第 12~17 行：以 for 巢狀迴圈，逐一讀取 data 陣列元素存入 text 字串中。第 14 行使用 <td> </td> 表格直行標籤存放元素值。第 16 行使用 </tr> 標籤結束一個橫列。

5. 第 18 行：使用 </table> 標籤結束表格。

6. 第 19 行：使用網頁 document 物件的 getElementById("table") 方法取得 table 段落元素，然後將 innerHTML 屬性值設為 text，將表格顯示在網頁 table 段落中。

5.5 範例實作

⬇ 範例：

請使用 JavaScript 撰寫一個完成下列動作的程式碼：

1. 宣告並初始化一個陣列。

2. 將 20 個隨機產生 0 ~ 10 的整數填入陣列。

3. 從第一個元素開始每隔一個元素，將元素值相加計算總和。

執行結果

randomNum.html ✕ ＋ — ☐ ✕

← → C ① 檔案 C:/js/ch05/randomNum.html ☆ ⏏ | ◻ 👤 ⋮

9＋7＋0＋9＋8＋8＋0＋5＋8＋6
總和＝60

程式碼 FileName : randomNum.html

```html
01 <!DOCTYPE html>
02 <html>
03    <body>
04      <script>
05        var nums = [];
06        for (var i = 0; i < 20; i++) {
07          nums.push(Math.round(Math.random() * 10));
08        }
09        var sum = 0;
10        for (var j = 0; j < 20; j = j + 2) {
11          sum += nums[j];
12          if(j < 18) {
13            document.write(nums[j] + ' + ');
14          }
15          else {
16            document.write(nums[j] + '<br>');
17          }
18        }
19        document.write('總和 = ' + sum);
20      </script>
21    </body>
22 </html>
```

🔄 説明

1. 第 5 行：使用 var nums = []; 敘述，宣告一個 nums 空陣列。

2. 第 6~8 行：使用 Math.round(Math.random() * 10) 可以隨機產生 20 個 0 ～ 10 的整數，再用 nums 陣列的 push() 方法加入亂數元素。

3. 第 10~18 行：使用 for 迴圈從第一個元素開始，每隔一個元素值加上 sum 來計算總和。在第 12~17 行敘述中，當 j < 18 時顯示 nums[j] 元素值，並加上 '+' 字串，否則就顯示元素值並換行。

函式與內建物件

6.1 認識函式

　　在撰寫程式時，常會碰到一些具有特定功能而又重複出現的程式敘述片段，將這樣的程式敘述片段獨立出來，必要時只要給予一些參數就能呼叫執行使用。這些獨立出來的程式敘述片段，在 JavaScript 程式中稱為「*函式*」(Function)，有些程式語言稱之為「*方法*」 (Method)。

　　函式設計完成後只要傳入參數，就可以傳回所要的結果。使用函式有下列好處：

1. 函式可以重複使用，大程式只需要著重在系統架構的規劃，功能性或主題性的工作交給函式處理，程式碼可較精簡。

2. 將相同功能的程式敘述片段寫成函式，有助於提高程式的可讀性，也讓程式的除錯及維護更加容易。

3. 函式使用時只要傳入適當的參數就能得到結果，不需要知道函式內如何運作，可以提高資訊的隱藏和安全性。

4. 大型程式軟體可依功能切割成多個程式單元，再交由多人共同設計。如此不但可縮短程式開發的時間，也可以達到程式模組化的目的。

6.2 頂層函式

JavaScript 提供頂層函式 (top-level function) 不用透過物件就可以直接使用，是屬於 ECMAScript 內建的函式，程式全域都能使用這些函式。常用的頂層函式說明如下：

一. isNaN() 函式

使用 isNaN (數值) 函式可以判斷傳入的數值引數是否為 NaN，NaN 就是 Not a Number (不是數值) 的縮寫。如果引數值不是數值時傳回值為 false；否則會傳回 true。因為 isNaN() 函式會先將引數轉成數值，如果引數是空字串會轉成 0、true 會轉成 1、false 轉成 0、數值字串會轉成數值 (例如 '8' 會轉成 8)。所以空字串、Boolean 值和數值字串都會轉成數值，使用 isNaN() 方法運算結果都是 false。

簡例

```
01  var a = isNaN('abc');      // a = true，'abc' 轉為數值時結果為 NaN
02  var b = isNaN(10);         // b = false
03  var c = isNaN(10 > 0);     // c = false，10 > 0 為 true 轉為數值時結果為 1
04  var d = isNaN('10');       // d = false，'10' 轉為數值時結果為 10
05  var e = isNaN('');         // e = false，空字串轉為數值時結果為 0
```

二. isFinite() 函式

使用 isFinite (數值) 函式可以判斷傳入的數值引數，是否為有限數值。如果引數值是 Infinity (無窮大)、-Infinity (負無窮大)、NaN (非數值) 時，傳回值為 false；其餘都是屬於有限數值傳回 true。

簡例

```
01  var a = isFinite(10 / 0);    // a = false，10/0 為 Infinity(無窮大)
02  var b = isFinite(-10 / 0);   // b = false，-10/0 為 -Infinity(負無窮大)
03  var c = isFinite('a');       // c = false，'a'不是數值
04  var d = isFinite(0);         // d = true，0 是數值也不是+-無窮大
```

三. parseInt() 函式

使用 parseInt() 函式可以將字串引數轉成整數，進位制引數值從 2 到 36 代表進位制，例如 2 就等於指定為二進制，省略時預設為十進制。

 語法　parseInt(字串, 進位制);

簡例

```
01   var a = parseInt('15');          // a = 15，'15' 轉 10 進制
02   var b = parseInt('15', 8);       // b = 13，'15' 轉 8 進制
03   var c = parseInt('15', 16);      // c = 21，'15' 轉 16 進制
04   var e = parseInt('15*2');        // e = 15，'15*2' 只取 '15' 轉整數
05   var f = parseInt('15e2');        // f = 15，'15e2' 只取 '15' 轉整數
06   var g = parseInt('15cm');        // g = 15，'15cm' 只取 '15' 轉整數
07   var h = parseInt('x15');         // h = NaN，'x15' 只取 'x'
08   var i = parseInt(15.5);          // i = 15
```

四. parseFloat() 函式

使用 parseFloat(字串) 函式可以將字串引數轉成浮點數。

簡例

```
01   var a = parseFloat('4.567');       // a = 4.567
02   var b = parseFloat('4.567cm');     // b = 4.567
03   var c = parseFloat('4567e-1');     // c = 456.7
04   var d = parseFloat('0.4567E+2');   // d = 45.67
05   var e = parseFloat('xyz');         // e = NaN
```

五. eval() 函式

eval (字串) 函式會將傳入的字串引數，當成 JavaScript 程式敘述來執行，傳回值為程式敘述執行結果。eval() 是屬於較不安全的函式，字串引數有可能被置換成惡意程式碼，建議審慎使用。

簡例

```
01   var a = eval('1 + 2');                    // a = 3
02   var b = eval(new String('1 + 2'));        // b = '1 + 2'
03   eval("document.write('x= ' + x + ', y=' + y + '<br>');");   //輸出變數值
```

簡例 使用 eval() 函式執行不同的變數。(eval.html)

```
01   var room1 = '單人房';
02   var room2 = '雙人房';
03   var room3 = '家庭房';
04   var n = 2;
05   eval("document.write('您選擇' + room" + n + ")");   //顯示：您選擇雙人房
```

六. encodeURL()、encodeURIComponent() 函式

　　URI 是 Uniform Resource Identifier (統一資源識別符) 的縮寫，是用來標識網際網路資源的字串，其中包含名稱和位址，就像是圖書館用來標識唯一書目的 ISBN 系統。網路適合用 URI 來標識的資源有 HTML 檔、程式檔、影片、圖片…等。使用 encodeURL()、encodeURIComponent() 函式都可以將未經編碼的 URI 字串引數，經過完整 URI 編碼後轉成新字串。

　　var 字串 = encodeURI | encodeURIComponent (URI 字串);

　　編碼時 A-Z、a-z、0-9、-、_、.、!、~、*、'、(、) 等字元不轉譯，其餘字元會採用 UTF-8 格式編碼。encodeURIComponent() 方法可以編碼所有的字元，但 encodeURI() 方法無法編碼的有 ;、#、,、/、? 、:、@、&、=、+、$ 等字元。

簡例

```
01   var uri='https://www.google.com.tw/search?q=中';
02   var eUri = encodeURI(uri);
03   // eUri = 'https://www.google.com.tw/search?q=%E4%B8%AD'
04   var ecUri = encodeURIComponent(uri);
05   // ecUri = 'https%3A%2F%2Fwww.google.com.tw%2Fsearch%3Fq%3D%E4%B8%AD'
```

七. decodeURI()、decodeURIComponent()函式

經過編碼後的 URI 字串，如果想要得知原始的字串，可以使用 decodeURI()、decodeURIComponent() 函式將經過完整 URI 編碼後的字串引數，轉成未經編碼的新字串。

 語法 var 字串 = decodeURI | decodeURIComponent (編碼後的 URI 字串);

簡例

```
var a = decodeURI("https://www.google.com.tw/search?q=%E5%8F%B0");
// a = " https://www.google.com.tw/search?q=台"
```

6.3 自定函式

「自定函式」是程式設計者依需求自行開發設計，自定函式要經過宣告的動作才能呼叫使用。通常一個函式包含下列三個部分：

1. **函式名稱**：供敘述呼叫指定函式用，但也可能沒有名稱。
2. **參數**：函式名稱後的括號 ( ) 中，指定傳遞的資料稱為**參數** (parameters)，參數和參數間要用逗號「,」分隔。
3. **敘述區段**：是函式要重複執行的功能程式，要使用大括號 { } 框住。

例如使用 function 關鍵字宣告名稱為 double 的函式，括號中有一個 num 參數，函式的功能是將傳入的數值加倍後傳回。(double.html)

```
01    function double(num) {
02        return num * 2;          // 使用 return 傳回執行結果
03    };
04    var a = double(2);           // 以 double(2)呼叫，結果 a = 4
05    var b = double(5);           // 以 double(5)呼叫，結果 b = 10
```

使用 var a = double(2); 敘述來呼叫 double() 函式，此時函式中的 num 參數值為傳入的 2。最後再用關鍵字 return 將 num * 2 的結果傳回，所以 a 的變數值是 4。接下來執行 var b = double (5); 敘述，動作類似就不再贅述，b 的變數值會是 10。

6.3.1 函式宣告

在 JavaScript 中函式宣告的方式有多種不同的方式，常用的方式分別說明如下可以依照需求選擇使用。函式的名稱必須符合識別字的命名規則，而且不能和其他變數和函式相同。

一. 函式定義

函式定義 (Function Declaration) 是最常見的方式，宣告的語法如下：

語法	function 名稱([參數串列]) {
	　　敘述區段;
	　　[return 運算式;]
	};

函式通常會有回傳值，此時可使用 return 將執行結果回傳，但並非每個函式都需要回傳值，也可以用輸出敘述直接輸出結果。想要呼叫函式時，可使用 **函式名稱(引數串列)** 來執行函式。在程式執行階段之前函式就會先被宣告，所以呼叫函式的敘述可以放在函式宣告之前或之後都可。但是若該函式會多次執行時，則函式通常會宣告在 <head> 元素中，以便集中管理。如果有多個 HTML 檔會共用函式，則可以單獨存成*.js 檔。

簡例 (square.html)

```
01  function square(num) {
02    return num * num;
03  }
04  document.write( 5 + "的平方=" + square(5);   // 輸出：5 的平方=25
```

直接使用函式傳回值

```
05   var s = square(8);          // 將函式傳回值指定給 s 變數
06   document.write( 8 + "的平方=" + s);              // 輸出：8 的平方=64
```

Tips 在上面簡例中，**square()** 函式也可以沒有傳回值，程式寫法如下：

```
function square(num) {
    document.write( num + "的平方 =" + num * num);
}
```

簡例 設計 mod()函式接收 x 和 y 參數，傳回 x 除以 y 後的餘數。(mod.html)

```
01   function remainder (x, y) {
02     x = x % y;                      // 或用 x %= y;
03     return x;
04   }
```

簡例 設計 countdown() 函式可接收 num 整數參數，然後顯示從該數字起逐一遞減到零的倒數數字。(countdown.html)

```
01   function countdown(num) {
02     for (var n = num; n >= 0; n--) {
03       document.write(n);          // 輸出倒數數字
04     }
05   }
06   countdown(10);                   // 輸出 109876543210
```

二. 函式運算式

　　函式運算式 (Function Expressions) 會將函式的輸出結果指定給變數，函式運算式和函式定義最不同就是沒有函式名稱，所以也稱為匿名函式。函式運算式將函式執行結果指定給變數，函式只有執行一次。語法如下：

語法
```
var 變數名稱 = function ([參數串列]) {
    敘述區段;
    return 運算式;
};
```

簡例 (sum.html)

```
01   var sum = function(n1, n2) {
02     return n1 + n2;
03   }
04   var a = 5, b = 10;
05   document.write(a , " + ", b, " = ", sum(a, b));   // 輸出：5 + 10 = 15
```

三. 箭頭函式

箭頭函式 (Arrow Function) 基本上是函式運算式更簡短的寫法，也是一種匿名函式。因為語法簡單而且沒有副作用，是被大量使用的 ES6 新功能。函式中使用 => 肥箭頭符號 (Flat Arrow)，宣告的語法如下：

> **語法**
>
> ([參數串列]) => {
> 　　敘述區段;
> 　　[return 運算式;]
> }

簡例 (addOne.html)

```
01   var addOne = (num) => {
02     return num +1;
03   }
04   document.write('5 加 1 等於 ', addOne(5));          // 輸出：5 加 1 等於 6
```

箭頭函式如果只有一個參數時，括號 () 可以省略。如果敘述區段只有一行敘述時，大括號 {} 可以省略而且 return 也可以省略，因為系統會自動加上 return。大括號 {} 中可以加入多行的敘述，但是要注意有回傳值時要自己加上 return 不會自動附加。上面的 addOne() 函式可以修改為：

```
01   var addOne = num => num +1;               // ()、{}和 return 都省略
02   var addOne = num => {return num + 1;};     // 有用{}時必須加上 return
03   var addOne = num => {num + 1;};            // 錯誤！會回傳 undefined
```

6.3.2 函式的參數

雖然函式不一定要有參數，但是使用參數可以讓函式的功能更有彈性。參數名稱必須符合識別字命名規則，數量和資料型別沒有限制，參數間使用「,」分隔。

一. 呼叫函式

函式宣告後必須呼叫函式才能被執行，根據是否將回傳值指定給變數，呼叫函式的語法分別如下：

> **語法** 語法 1：函式名稱([引數串列]);
> 語法 2：var 變數 = 函式名稱([引數串列]);

呼叫函式敘述中的引數串列，必須依照函式的定義，參數個數和順序要相同。呼叫函式敘述中的資料稱為**引數**(Arguments)，函式中的資料稱為**參數**(Parameters)。呼叫函式時引數會將值傳遞給參數，供函式進行運算。

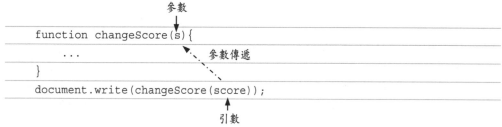

二. 參數傳遞

函式的參數如果資料型別為基本型別 (number、string、boolean…) 時，呼叫函式敘述和函式間參數的傳遞方式為**傳值呼叫** (Call by Value)。傳值呼叫是傳遞參數的值，引數和參數分別使用不同的記憶體位址，所以函式內參數的運算結果不會影響到主程式的引數。

簡例 設計將分數調整介於 0~100 的函式。(callByValue.html)

```
01   function changeScore(s){
02       if(s < 0) return 0;
```

```
03     else if(s > 100) return 100;
04     else return s;
05   }
06   var score = 120;
07   document.write('score= ', score);                        //顯示 120
08   document.write('調整後分數= ', changeScore(score));        //顯示 100
09   document.write('score= ', score);                        //顯示 120
```

　　函式的參數如果資料型別為陣列、物件、函式等型別時，呼叫函式敘述和函式間參數的傳遞方式為**參考呼叫** (Call by Reference) 或稱傳址呼叫。參考呼叫是傳遞參數的記憶體位址，引數和參數會使用相同的記憶體，所以函式內參數的運算結果會影響到主程式的引數。

簡例 設計將陣列中分數調整介於 0~100 的函式。(callByReference.html)

```
01   function changeScore(s){
02     s.forEach(function(value, index, array) {
03       if( value < 0) array[index] = 0;
04       else if(value > 100) array[index] = 100;
05     });
06     return s;
07   }
08   var score = [-50,80,120];
09   document.write('score= ', score);                        //顯示 -50,80,120
10   document.write('調整後分數= ', changeScore(score));        //顯示 0,80,100
11   document.write('score= ', score);                        //顯示 0,80,100
```

簡例 change() 函式的 course 參數型別為物件，觀察執行該函式後 sStudent、sCourse.title、sCourse.score 值的變化。(course.html)

```
01 function change(course, student) {
02   course.score = 100;
03   course.title = 'JavaScript';
04   student = 'Jack';
05 }
06 var sCourse = {score: 92, title: 'HTML'};
07 var sStudent = 'Helen';
08 document.write(sStudent,' ',sCourse.title,' ',sCourse.score,'<br>');
```

```
09 change(sCourse, sStudent);
10 document.write(sStudent, ' ', sCourse.title, ' ', sCourse.score);
```

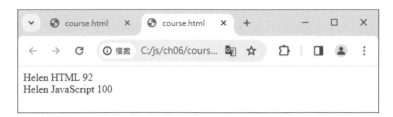

説明

1. 第 6 行：宣告一個 sCourse 物件，物件的屬性前後要用大括號 {} 框住。
   第一個屬性的名稱為 score，屬性值是 92；第二個屬性的名稱為 title，
   屬性值是 'HTML'。屬性名稱和屬性值間用冒號「:」連接，兩個屬性間
   用逗號分隔。

2. 第 7 行：宣告一個 sStudent 變數，變數值為 'Helen' 字串。

3. 第 8 行：在呼叫 change() 函式前，顯示 sStudent 值、sCourse.title 值、
   sCourse.score 值。

4. 第 9 行：呼叫 change() 函式，並傳入 sCourse、sStudent 參數。

5. 第 1~5 行：為 change() 函式，其中 sCourse 為物件型別是採參考呼叫，
   所以函式修改的值會影響原值。而 sStudent 為字串型別是採傳值呼叫，
   所以函式修改的值不會影響原值。

6. 第 10 行：所以執行 change() 函式後，sStudent 值為 'Helen' (不變)、
   sCourse.title 值為 'JavaScript' (改變)、sCourse.score 值為 100 (改變)。

三. 預設參數值

　　宣告函式時可以指定參數的預設值，以避免傳入的參數個數不足時造
成錯誤。當呼叫時引數完整就以傳入值為準，不足時就以預設值代替。如
果不是所有的參數都有預設值時，必須把需要預設值的參數放在後面。

簡例　設計檢查分數是否及格的 scorePass() 函式。(default.html)

```
01  function scorePass(s, p = 60){          // 用 = 指定預設值
```

02	`    if(s >= p) return '及格';`	
03	`    else return '不及格';`	
04	`}`	
05	`document.write(scorePass(65));`	// 顯示及格，及格分數為預設值 60
06	`document.write(scorePass(65, 70));`	// 顯示不及格，及格分數為傳入值 70

四. 其餘參數

如果函式的參數數量無法確定時，就可以使用 **其 餘 參 數** (Rest Parameter)。宣告時確定的參數排在前面，其餘參數在最後面，並且只能有一個剩餘參數。所有不確定數量的參數，會被存為一個陣列。

> **語法**　函式名稱([參數串列], ...其餘參數);

簡例 設計計算不定數量商品打折後售價的 discount() 函式。(discount.html)

01	`function discount(off,...objs){`	// 其餘參數前加...三個句號
02	`    return objs.map(function(value){`	// 用 map 方法重設陣列元素值
03	`        return Math.round(off * value);`	// 四捨五入到整數
04	`    });`	
05	`    //return objs.map(value=>Math.round(off * value));`	// 改用箭頭函式
06	`}`	
07	`document.write(discount(0.85,200,60,50));`	// 輸出 85 折後售價：170,51,43

五. 回傳值

函式的運算結果可以使用 return 回傳，回傳值可以是一個函式，如果有多個資料需要回傳時，則可以使用陣列來當回傳值。如果函式不需回傳資料，則 return 可以省略。另外用 return 回傳空值會跳出該函式，其後的程式碼不會被執行，所以有中止程式碼的功能。

簡例 建立血壓健康系統，需要確保 checkPressure() 函式只有在 pressure 等於或小於 normal 時才會傳回 true。(bloodPressure.html)

01	`function checkPressure(pressure, normal) {`

02	`    if (pressure <= normal){`
03	`        return true;         // 離開函式回傳值為 true`
04	`    }`
05	`    else {`
06	`        return false;        // 離開函式回傳值為 false`
07	`    }`
08	`}`

簡例　設計 factor() 函式可以求介於 1 ~ 100 整數的所有因數。若參數不是數值或超出範圍，就顯示提示訊息並離開函式。(factor.html)

01	`function factor(num) {`
02	`    num = parseInt(num);              // 將字串轉換成整數`
03	`    if(isNaN(num)) {                  // 如果不是數值`
04	`        document.write('必須為數值');`
05	`        return '';                    // 離開函式回傳值為空字串`
06	`    }`
07	`    if(num > 100 || num <=0) {        // 如果大於 100 或小於等於 0`
08	`        document.write('數值必須介於 1~100');`
09	`        return '';                    // 離開函式回傳值為空字串`
10	`    }`
11	`    var fac=[];                       // 宣告 fac 為空陣列`
12	`    for(i=1; i <= num; ++i) {`
13	`        if (num % i == 0) {           // 如果能夠整除`
14	`            fac.push(i);              // 用 push 方法將 i 加入陣列`
15	`        }`
16	`    }`
17	`    return fac;                       // 回傳 fac 陣列`
18	`}`
19	`document.write(factor('num'));  // 輸出：必須為數值`
20	`document.write(factor(-20));    // 輸出：數值必須介於 1~100`
21	`document.write(factor(120));    // 輸出：數值必須介於 1~100`
22	`document.write(factor(64));     // 輸出：1,2,4,8,16,32,64`

簡例　設計 calculate() 數值運算函式，此函式會接受三個參數，第 1、2 參數為運算的數值，第 3 個為指定運算方法的字串。(operation.html)

```
01 function calculate(n1, n2, operation) {
02   switch(operation){
03     case 'multiply':
04       return multiply(n1, n2);        // 傳回值為 multiply() 函式
05     case 'divide':
06       return divide(n1, n2);          // 傳回值為 divide() 函式
07   }
08   function multiply(a, b) {
09     return a * b;
10   }
11   function divide(x, y) {
12     return x / y;
13   }
14 }
15 document.write(calculate( 4, 2, 'divide'));    // 顯示：2
16 document.write(calculate( 4, 2, 'multiply'));  // 顯示：8
```

說明

1. 第 1~14 行：為 calculate() 函式，利用 switch 結構根據 operation 參數值，分別在回傳值時呼叫 multiply() 和 divide() 函式。

2. 第 8~13 行：multiply() 和 divide() 函式是 calculate() 函式的內部函式。

簡例 設計一個 calculate() 數值運算函式，此函式會接受三個參數，第 1、2 參數為運算的數值，第 3 個為指定運算的函式。(calculate.html)

```
01 function calculate(n1, n2, fn) {
02   return fn(n1, n2);
03 }
04 function sum(n1, n2) {
05   return n1 + n2;
06 }
07 function multiply(n1, n2) {
08   return n1 * n2;
09 }
10 document.write(calculate(10, 20, sum));      // 指定呼叫 sum() 函式
11 document.write(calculate(10, 20, multiply)); // 指定呼叫 multiply() 函式
```

說明

1. 第 10,11 行：呼叫 calculate() 函式，第 3 個引數分別為 sum、multiply，
   指定呼叫 sum() 和 multiply() 函式。

2. 第 2 行：calculate() 函式在回傳值時，呼叫 fn 參數指定的函式。

6.4　變數的有效範圍

一. 變數有效範圍

　　在 JavaScript 中變數有效範圍是以函式做分界，外界無法直接存取函式
內的區域變數。在函式內宣告的變數只在該函式內有效，這個函式就是該
變數的**有效範圍 (Scope)** 或稱作用域，也就是說該變數是所屬函式的區域
變數 (Local Variables)。而在函式外面宣告的變數則為**全域變數 (Gglobal
Variables)**，全域變數的有效範圍則為整個程式碼。例如：(scope.html)

```
01  var x = 1;   ◄──────全域變數
02  function add(y) {
03    var x = 100;  ◄───區域變數
04    var z = 10;   ◄───區域變數    ── 區域變數 x、z 有效範圍
05    return y + z + x;                              全域變數 x 有效範圍
06  };
07  document.write(add(5));    // 輸出 115
08  document.write(x);         // 輸出 1
09  document.write(z);         // undefined
```

 說明

1. 第 1 行在函式外宣告的 x 變數，是屬於全域變數。

2. 第 3、4 行宣告的 x、z 變數，是屬於 add() 函式的區域變數。

3. 執行第 7 行以 add(5) 呼叫函式，當執行第 5 行敘述時，y 變數為傳入值
   5、z 變數值為 10，而 x 變數既是區域也是全域變數，此時會以區域變
   數為準 (100)，所以會輸出 115。

4. 執行第 8 行敘述時，此時在 add() 函式外 x 變數自然以全域變數為準，所以會輸出 1。

5. 執行第 9 行敘述時，因為外部不能存取函式內變數，所以 z 變數值為 undefined。

上面程式中如果第 3 行沒有宣告 x 變數時，當執行第 5 行敘述時，因為 add() 函式沒有宣告 x 變數，此時就會以全域變數為準 (即 x=1)，所以會輸出 16。也就是說當有函式內沒宣告的變數時，此時會一層一層往外找直到全域變數為止。

二. 巢狀函式

巢狀函式 (Nested Function) 是指在函式內又有其他函式，在函式內的函式稱為內部函式 (Inner Function)，在內部函式外的函式則稱為外部函式 (Outer Function)。在內層的內部函式可以存取外部函式的變數，如果找不到時可以再層層往上找。但是外部函式無法存取內部函式中的變數，如此才能保護函式的安全性。例如：(nestedFct.html)

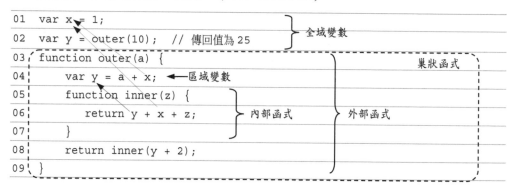

↻ 說明

1. 第 1、2 行在函式外宣告的 x、y 變數，是屬於全域變數。第 2 行呼叫 outer() 函式，傳入值為 10。

2. 第 3~9 行 outer() 為巢狀函式，其中有內部函式 inner()。第 4 行宣告 y 變數，是屬於 outer() 函式的區域變數。y 值為 a+x，即 10+1=11，因為 outer() 函式沒有定義 x，所以往上一層找採全域變數 x (變數值 1)。

3. 執行第 8 行 inner() 傳回值時，y 變數在 inner() 函式內沒有定義，所以往上一層找採 outer() 函式的區域變數 y (變數值 11)。因為 inner() 和 outer() 函式都沒有定義 x，因此再往上層找採全域變數 x (變數值 1)。所以傳回值 y + x + z 等於 11 + 13 + 1 = 25。

簡例　分析下列程式碼，分別顯示第 3~5 行和第 11~13 行 multiply() 函式的傳回值。(multiply.html)

```
01 var num1 = 2;
02 var num2 = 50;                     全域變數
03 function multiply() {
04     return num1 * num2;
05 }
06 document.write("全域 multiply 函式傳回值：" + multiply()) ;
07 document.write("內部 multiply 函式傳回值：" + product()) ;
08 function product() {                           巢狀函式
09     var num1 = 3;
10     var num2 = 2;          區域變數
11     function multiply() {              外部函式
12         return num1 * num2;     內部函式
13     }
14     return multiply() ;
15 }
```

說明

1. 第 1、2 行在函式外宣告的 num1 和 num2 變數，是屬於全域變數。

2. 第 6 行敘述會呼叫第 3~5 行的全域 multiply() 函式，因為該函式沒有宣告 num1 和 num2，所以往上一層找採全域變數，傳回值為 2 * 50=100。

3. 第 7 行敘述會呼叫第 8~15 行的 product()函式，該函式為巢狀函式，其中有內部函式 multiply()。函式內宣告的 num1 和 num2 變數，是屬於 product() 函式的區域變數。

4. 執行第 14 行 multiply() 傳回值時，num1 和 num2 變數在 multiply() 函式沒有定義，所以往上一層找採 product() 函式的區域變數，所以傳回值為 3 * 2 = 6。

6.5 內建物件

JavaScript 的*內建物件* (Built-in Objects) 是屬於全域物件，提供各種類型物件的屬性和方法 (函式) 供程式設計者使用。內建物件有 Number、Boolean、String、Array、Date、Math、Object、Function、Error、RegExp、Map、Set、Symbol…等。

使用 **typeof** 運算子可以檢查資料所屬的型別。但使用 new 宣告的資料會被 typeof 視為 Object，陣列、日期…等資料也會歸為 Object。必要時可以用 **instanceof** 運算子來檢查，即可得知是否為指定物件所建立的實體。

 語法 物件 instanceof 物件名稱

簡例

```
01   var a = typeof 123;          // a = 'number'
02   var b = typeof '123';        // b = 'string'
03   var c = new Number(123);     // 宣告 c 為 Number 物件
04   var d = typeof c;            // d = 'object'
05   var e = c instanceof Number; // e = true，c 為 Number 物件實體
06   var f = typeof [1, 2, 3];    // a = 'object'
07   var g = [1, 2, 3] instanceof Array;  // g = true，為 Array 物件實體
```

本章只簡單介紹幾個 JavaScript 的內建物件，主要在說明內建物件屬性和方法的基本使用方式，常用內建物件的常用屬性和方法請參閱附錄 C。

一. Number 物件

Number 物件就是數值物件，整數 (例如：12) 或是帶有小數點的浮點數 (例如：1.2) 都是。Number 物件有一些定義好的屬性，例如：MAX_VALUE 表示最大數值。Number 物件也提供一些方法，例如：toString(radix) 方法會回傳數值的字串，radix 引數可以指定進位制。

簡例

```
01  var a = Number.MIN_VALUE;        // a = 05e-324 (最小數值)
02  var b = new Number(12.345);      // b = 12.345,宣告 b 為 Number 物件
03  var c = b.toFixed(1);            // c = 12.3 (四捨五入到小數 1 位數)
04  var d = 12.345.toPrecision(4);   // d = 12.35 (固定位數為 4)
```

二. Boolean 物件

　　Boolean 物件就是邏輯真假值的物件,「真」是為 true,而「假」則是 false。

簡例

```
01  var a = true;
02  var b = a.toString();    // b = 'true'
03  var c = a.valueOf();     // c = true
```

三. String 物件

　　String 物件也就是字串物件,其中可容納任何 Unicode 字元。String 物件只有一個 length 屬性用來記錄字串的字元數量。String 物件提供許多方法可以操作字串,例如 trim() 方法能夠清除字串頭尾兩端的空格 (包含 tab)。

簡例

```
01  var a = String('hello');     // a = 'hello',宣告 a 為 String 物件
02  var b = a.length;            // b = 5,a 字串物件的長度為 5
03  var c = a.toUpperCase();     // c = 'HELLO',a 字串物件轉成大寫
```

簡例 針對下列函式進行測試,如果 code 參數值分別為 12345、'09876'、'ABCDE'、400*80,回傳值分別為何?(checkCode.html)

```
01  function checkCode(code){
02      var ok = !isNaN(code) && code.toString().length == 5;
03      return ok;
04  }
```

↻ 說明

1. code 參數為 12345 時：isNaN(12345) → false，!false → true。
   code.toString(12345) → '12345'，'12345'.length == 5 → true。
   true && true → **true**。

2. code 參數為'09876'時：isNaN('09876')→false('09876'->9876)，!false→true。
   code.toString('09876') → '09876'，'09876'.length == 5 → true。
   false && true → **false**。

3. code 參數為'ABCDE'時：isNaN('ABCDE') → true，! true → false。
   code.toString('ABCDE') → 'ABCDE'，'ABCDE'.length == 5 → true。
   false && true → **true**。

4. code 參數為 400 * 80 時：400 * 80 → 32000。
   isNaN(32000) → false，! false → true。
   code.toString(32000) → '32000'，'32000'.length == 5 → true。
   true && true → **true**。

四. Array 物件

　　Array 物件也就是陣列物件，其中可以容納數值、字串、物件…等，詳細用法請參考第 5 章。

五. Date 物件

　　Date 物件是處理時間與日期的物件，Date 物件指向某個時間點。Date 物件是以格林威治標準時間 (UTC) 1970 年 1 月 1 日零時開始，用毫秒數值來儲存時間。宣告 Date 物件的語法：

> **語法**
> 語法 1：new Date();
> 語法 2：new Date(milliseconds);
> 語法 3：new Date(dateString);
> 語法 4：new Date(year, month[, day[, hour[, minutes[, seconds[, milliseconds]]]]]);

1. 語法 1：宣告 Date 物件沒有引數時，就代表目前時間。

2. 語法 2：傳入的 milliseconds 引數表示從 1970-01-01 00:00:00 UTC (格林威治標準時間) 開始累計到某時間點的毫秒數。

3. 語法 3：傳入的 dateString 引數代表日期格式字串，例如：'2024-12-25T11:22:33' 表示 2024 年 12 月 25 日 11 點 22 分 33 秒、'05/10/2024' 表示 2024 年 5 月 10 日 0 點 0 分 0 秒。

4. 語法 4：year 引數表示年份的整數。month 引數表示月份的整數，由 0 開始 (1 月) 到 11 (12 月)。day 引數可選用，表示月份中第幾天的整數值。hour 引數可選用，表示 24 小時制的時數整數值。minute 引數可選用，表示分鐘數的整數值。second 引數可選用，表示秒數的整數值。millisecond 引數可選用，表示毫秒數的整數值。

簡例

```
01 var a = new Date();                      // a = 目前日期時間
02 var b = new Date(2024, 11, 5);           // b = 2024-12-05
03 var c = new Date(2024, 2, 1, 1, 10, 75); // c = 2024-03-01T01:11:15
04 var d = new Date(1692331305000);         // d = 2023-08-18T12:01:45
05 var e = new Date('2024-08-14');          // e = 2024-08-14
```

　　Date 物件可以用 >、<、<=、>=、<== 或 >== 運算子，來比較兩個時間的前後關係。但是如果要比較兩個日期是否相等，必須先用 getTime() 方法轉換為數值型態，再用 ==、!=、=== 或 !== 運算子做比較。Date 物件提供許多方法來操作時間，例如 getFullYear() 方法可以取得年份 (yyyy)、parse() 方法可以轉成從 1970-01-01UTC 開始累計到現在的毫秒數。

簡例 取得今天的年月日。(today.html)

```
01 var today = new Date(); // 儲存今天的日期
02 var weeks = ['週日','週一','週二','週三','週四','週五','週六'];
03 var day = today.getDate();             //getDate()取得日
04 var week = weeks[today.getDay()];      //getDay()取得代表星期的 0-6 數字
```

```
05 var month = today.getMonth() + 1;      //getMonth()取得代表月份的 0-11 數字
06 var year = today.getFullYear() - 1911; //getFullYear()取得年-1911 為民國年
07 document.write('民國 '+year+' 年 '+month+' 月 '+day+' 日 '+week);
```

六. Math 物件

Math 物件有許多屬性和方法，提供常用的數學常數及數學計算函式。所有 Math 的屬性及方法皆屬於靜態成員，直接用 Math 呼叫使用即可，不用建構子建立物件。例如使用 Math.PI 來取得圓周率的常數值，呼叫 Math.abs() 方法來計算數值的絕對值，Math.random() 方法可以回傳 0 到 1 之間的隨機亂數值。

簡例

```
01  var a = Math.round(4.567);        //四捨五入運算 a = 5
02  var b = Math.ceil(4.567);         //取得大於等於某數值的整數 b = 5
03  var c = Math.floor(4.567);        //取得小於等於某數值的整數 c = 4
04  var d = parseFloat('0.4567E+2');  //字串轉浮點數 d = 45.67
```

簡例 設計亂數函式可產生指定範圍和數量的亂數陣列。(rndAry.html)

```
01 function rndAry (s, e, n) {
02   var rnds = [];   // 宣告 rnds 為空陣列
03   for(let i = 0; i < n; i++) {
04     rnds.push(Math.floor(Math.random() * (e - s + 1) + s));
05   }
06   return rnds;
05 }
```

說明

1. 第 3~5 行：使用 for 迴圈產生指定數量的亂數，並用 push() 方法加入 rnds 陣列。

2. 第 4 行：random() 方法會產出 0 與 1 之間的亂數，因為要得到 s 到 e 之間的數值，所以要乘以 (e - s + 1)。因為產生的亂數值為浮點數，所以可用 floor() 方法向下取整數，得到最接近的整數，最後再加上 s。

簡例 設計一個安全開根號的 root(x, y) 函式，函式的功能如下：

　　1. 如果被開方數 x 不是負數，則傳回 Math.pow(x, 1 / y)。

　　2. 如果被開方數 x 為負數：

　　　(1) 如果指數 y 能被 2 整除，則傳回「為虛數(imaginary number)」。

　　　(2) 否則，傳回-Math.pow (-x, 1 /y)。　　　　　　　　(safetyRoot.html)

```
01  function root(x, y) {
02    if ( x >= 0 ) {
03      return Math.pow(x, 1 / y);
04    } else {
05      if ( y % 2 == 0 ) {
06        return '為虛數(imaginary number)';
07      } else {
08        return -Math.pow(-x, 1 / y);
09      }
10    }
11  }
```

6.6 範例實作

🔽 範例：

　　設計一個網頁來檢測使用者的英文打字能力，使用者輸入文字後按 檢查 鈕，會顯示輸入是否正確，核對時不區分大小寫字母。

執行結果

程式碼 FileName : checkInput.html

```
01  <!DOCTYPE html>
02  <html>
03    <head>
04      <script>
05        function checkInput() {
06          var testText = document.getElementById('test').innerHTML;
07          var userText = document.getElementById('userInput').value;
08          if (userText.toLowerCase() == testText.toLowerCase()) {
09            window.alert('正確！');
10          } else {
11            window.alert('錯誤！');
12          }
13        }
14      </script>
15    </head>
16    <body>
17      <p>請照樣輸入下列文字，然後按 [檢查] 鈕核對。</p>
18      <p id="test">Abcdefgh</p>
19      <input type="text" id="userInput";>
20      <button onclick="checkInput()">檢查</button>
21    </body>
22  </html>
```

説明

1. 第 18 行：在網頁建立一個 id 為 test 的 <p> 段落元素，內容為測試的文字內容。

2. 第 19 行：在網頁建立 id 為 userInput 的 <input> 輸入元素，type 指定為文字方塊 (text)。

3. 第 20 行：在網頁建立文字為「檢查」的 <buttont> 按鈕元素，指定觸發 onclick 事件時執行 checkInput() 函式。

4. 第 5~13 行：在 checkInput() 函式中，檢查使用者輸入的文字和題目是否相同，然後顯示提示文字。

5. 第 6 行：使用網頁 document 物件的 getElementById('test') 方法取得 test 段落元素，然後將 innerHTML 屬性值指定給 testText，代表題目文字。

6. 第 7 行：使用網頁 document 物件的 getElementById('userInput') 方法取得 userInput 輸入元素，然後將 value 屬性值指定給 userText，代表使用者輸入的文字。

7. 第 8~12 行：使用 toLowerCase() 將 userText 和 testText 轉成小寫字母，兩者比較結果用 window.alert() 方法顯示結果。

範例：

設計輸入健身中心會員編號的網頁，在文字方塊輸入資料後，會呼叫 show() 函式。show() 函式會在網頁的段落內顯示輸入的資料，並隱藏文字方塊。

執行結果

程式碼　FileName：memberNum.html

```
01 <!DOCTYPE html>
02 <html>
```

```
03    <body>
04      <p id='msg'>請輸入你的會員編號:</p>
05      <input type='text' id='memberNum' onchange='show()' value=''>
06      <script>
07        var msgText = document.getElementById('msg');
08        var inputNum = document.getElementById('memberNum');
09        function show() {
10          msgText.innerHTML = '你輸入的會員編號:' + inputNum.value;
11          inputNum.hidden = true;
12        }
13      </script>
14    </body>
15  </html>
```

説明

1. 第 4 行:在網頁建立 id 為 msg 的 <p> 段落元素,顯示輸入提示訊息。

2. 第 5 行:在網頁建立 id 為 memberNum 的 <input> 輸入元素,可輸入文字資料預設值為空字串,觸發 onchange 事件時會呼叫 show() 函式。

3. 第 7,8 行:使用網頁 document 物件的 getElementById() 方法,分別取得 msg 段落和 memberNum 輸入元素,指定給 msgText 和 inputNum 變數。

4. 第 9~12 行:當 memberNum 輸入元素的內容改變時,就會觸發 onchange 事件來執行 show() 函式。

5. 第 10 行:設定 msgText 段落元素的 innerHTML 屬性值,顯示輸入的會員編號。

6. 第 11 行:設定 inputNum 輸入元素的 hidden 屬性值為 true,將輸入標籤隱藏來停止輸入資料。

範例:

設計健身中心計算會員訓練心率的網頁,使用者輸入年齡 (age) 和靜止心率 (rHR) 後按「送出」鈕,會顯示會員的低強度和高強度訓練心率。計算時要符合下列條件:

1. 靜止心率 (rHR) 採四捨五入到整數。

2. 低強度訓練心率(lowHRR)=0.5×(220 - 年齡 - 靜止心率) + 靜止心率，請向下取最接近的整數。

3. 高強度訓練心率(highHRR)=0.85×(220 - 年齡 - 靜止心率)+靜止心率，請向上取最接近的整數。

執行結果

程式碼　FileName : heartRate.html

```
01  <!DOCTYPE html>
02  <html>
03    <head>
04     <script>
05       function calHRR() {
06         var age = parseInt(document.getElementById('userAge').value);
07         var rHR = parseFloat(document.getElementById('userRHR').value);
08         rHR = Math.round(rHR);
09         var lowHRR = Math.floor(0.5 * (220 - age - rHR) + rHR);
10         var highHRR = Math.ceil(0.85 * (220 - age - rHR) + rHR);
11         var msg = '你的訓練心率介於:<br>' + lowHRR + ' ~ ' + highHRR;
12         document.getElementById('message').innerHTML = msg;
13       }
14     </script>
15    </head>
16   <body>
17     <p id="msg">請輸入你的年齡:</p>
18     <input type="text" id="userAge">
19     <p id="msg">請輸入你的靜止心率:</p>
```

```
20        <input type="text" id="userRHR">
21        <input type="button" value="送出" onclick="calHRR()">
22        <p id="message"></p>
23    </body>
24  </html>
```

🔍 說明

1. 第 18 行：在網頁建立 id 為 userAge 的 <input> 輸入元素，可輸入會員的年齡文字資料。

2. 第 20 行：在網頁建立 id 為 userRHR 的 <input> 輸入元素，可輸入會員的靜止心率文字資料。

3. 第 21 行：在網頁建立 <button> 按鈕元素，其中顯示「送出」文字，觸發 onclick 事件時呼叫 calHRR() 函式。

4. 第 22 行：在網頁建立 id 為 message 的 <p> 段落元素，顯示會員的低強度和高強度訓練心率訊息，預設為空字串。

5. 第 5~13 行：當使用者在網頁上按 <button> 按鈕元素時，會執行這個 calHRR() 函式。

6. 第 6 行：從網頁取得使用者輸入的年齡資料，然後用 parseInt() 方法將字串轉成整數數值指定給 age 變數。

7. 第 7 行：從網頁取得使用者輸入的靜止心率資料，然後用 parseFloat() 方法將字串轉成浮點數數值指定給 rHR 變數。

8. 第 8 行：使用 Math.round() 方法將 rHR 四捨五入到整數。

9. 第 9 行：使用 Math.floor() 方法將低強度訓練心率 (lowHRR) 向下取最接近的整數，也就是小於等於指定數值的最大整數。

10. 第 10 行：使用 Math.ceil() 方法將高強度訓練心率 (highHRR) 向上取最接近的整數，大於等於指定數值的最小整數。

11. 第 12 行：在 id 為 message 的 <p> 段落元素，顯示 msg 會員的低強度和高強度訓練心率訊息。

文件物件模型(一)

7.1　DOM 簡介

文件物件模型 (Document Object Model) 簡稱為 DOM，是一種用於描述和操作 HTML、XML 等標記語言的應用程式介面。它將文件視為一個由節點 (nodes) 和物件 (objects) 所組成的樹狀結構，而使用 JavaScript 語言可以訪問和操作 HTML 文件的這些節點與物件。

當瀏覽器載入 HTML 文件時，便會建立頁面的文件物件模型，文件中的每一個標籤，就是每一個元素，被視為一個物件。每個物件有自己的成員，如：屬性、方法、事件，可透過 JavaScript 程式來操作。這些多個物件所構成的集合，就形成了一個 DOM 樹狀物件結構。

我們先編撰一個簡單的 HTML 文件，如下程式：(DomTree.html)

```
<!DOCTYPE html>
<html>
  <head>
    <title>DOM 樹示例</title>
  </head>
  <body>
    <h1>地名食物</h1>
```

```
    <p id="msg"></p>
    <ul>
        <li id="item1">萬巒豬腳</li>
        <li id="item2">岡山羊肉爐</li>
        <li id="item3">深坑臭豆腐</li>
    </ul>
  </body>
</html>
```

一. 文件樹狀結構

瀏覽器為上面的文件建立一個 DOM 樹狀結構，用 document 代表整個文件。在這個結構中，每個元素 (如：<html>、<head>、<body>、<h1>、<p>、<ul>、<li>…)、每個屬性 (如：id)、每個文本 (文字內容) 都有對應的節點 (node)。

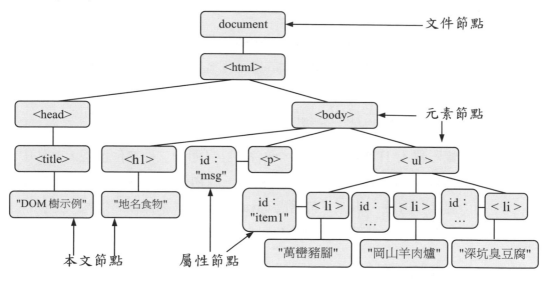

1. **根節點**：<html> 節點為 DOM 樹的起源，所以 <html> 節點稱為「**根節點**」(root node)。

2. **父子節點**：除了根節點外，每個節點都有一個「**父節點**」(parent node) 和零或多個「**子節點**」(child node)。如：<html> 為 <head> 的父節點、<ul> 為 <body> 的子節點。

3. **兄弟節點**：有相同父節點的節點稱為「**兄弟節點**」。如：<head> 和 <body> 有相同的父節點 <html>，故兩者為兄弟節點、<h1> 和 <ul> 有相同的父節點 <body>，故兩者為兄弟節點。

二. 節點類型

　　DOM 中有多種不同類型的節點，每種節點類型代表了文件結構的不同部分。了解這些節點類型，透過 JavaScript 可以使用來操作和訪問這些節點。以下是一些常見的 DOM 節點類型：

1. **文件節點 (Document Node)**：一個 HTML 文件中只有一個文件節點，它就是 DOM 樹的根節點，文件節點代表整個網頁。

2. **元素節點 (Element Node)**：元素節點表示 HTML 文件中的標籤，例如：<div>、<p>、<a>、<ul> …等。元素節點可以包含其他元素 (如：<ul> 包含 <li> 元素)、屬性節點、文本節點或其他類型的節點。

3. **屬性節點 (Attribute Node)**：是元素的屬性，屬性節點包含於元素節點，是元素節點的一部份，不是元素節點的子節點。例如：

```
<li id="item1">萬巒豬腳</li>
```

<li> 是元素節點，id 是屬性節點，「萬巒豬腳」文字是文本節點。

4. **文本節點 (Text Node)**：文本節點包含在元素節點中，代表元素的文本內容。文本節點是 DOM 樹的最末端，不會再延伸有子節點。

7.2　取得元素節點

　　使用 JavaScript 存取元素節點是 DOM 操作中的一個重要部分，因 DOM 將 HTML 文件中的元素物件化，它允許你使用 JavaScript 動態走訪和操作網頁中的 HTML 元素。以下是一些常見的方法和簡例，用於取得元素節點。

一. getElementById() 方法

使用本方法可以透過元素的 id 屬性值，來取得符合的元素物件實體。在網頁中，id 屬性是為 HTML 標籤設定的識別碼，具有唯一性。

 語法　　var element = document.getElementById('elementId');

1. **'elementId' 參數**：指定符合元素物件的 id 屬性值。

2. **element 變數**：是一個元素物件實體，由 getElementById() 方法取得符合 id 屬性值的元素物件。若找不到符合時，該方法會傳回 null。若文件中 id 屬性值有重複的元素，會傳回第一個符合的元素。

範例：

從頁面文件中找尋 id 屬性值為 "msg" 的元素，輸入該元素的文本內容。

程式碼　FileName : getElementById.html

```
01 <!DOCTYPE html>
02 <html>
03    <body>
04      <h1>地名食物</h1>
05      <p id="msg"></p>
06      <script>
07        var myMsg = document.getElementById("msg");
08        myMsg.textContent = '有些小吃從該地域起源，冠上該地域名稱作為一個象徵。';
09      </script>
10    </body>
11 </html>
```

執行結果

説明

1. 第 5 行：<p> 元素的 id 屬性值設為 "msg"。

2. 第 7 行：使用 getElementById() 方法尋找 id 值為 "msg" 的元素物件，指定給 myMsg 變數存放。

3. 第 8 行：myMsg 變數代表 <p> 元素物件，該物件的文本內容可透過 textContent 屬性來輸入存放或讀取輸出。

二. getElementsByTagName() 方法

使用本方法可以透過元素的標籤名稱，來取得符合元素的實體。因在網頁中，會有許多名稱相同的標籤，所以這個方法是取得一群元素。

語法　var elements = document.getElementsByTagName('tagName');

1. 這個方法的傳回值是 DOM 中的 HTMLCollection 集合，類似於陣列，有一些陣列的特性。

2. length 屬性：記錄 HTMLCollection 集合的元素個數。

3. item(index) 方法：可透過索引取得集合中的特定元素，index 索引值範圍為 0 ~ (length - 1)。

範例：

取得標籤名稱為 <li> 的元素，再用訊息框顯示所有該同名稱元素的文本內容。

程式碼　FileName : getElementsByTagName.html

```
01  <!DOCTYPE html>
02  <html>
03    <body>
04      <ul>
05        <li   id="item1">萬巒豬腳</li>
06        <li id="item2">岡山羊肉爐</li>
```

```
07          <li id="item3">深坑臭豆腐</li>
08      </ul>
09      <script>
10          var foods = document.getElementsByTagName('li');
11          var foodMsg = '';
12          for (var i = 0; i < foods.length; i++) {
13              foodMsg += foods.item(i).textContent + '\n';
14          }
15          window.alert(foodMsg);
16      </script>
17      </body>
18  </html>
```

執行結果

> 這個網頁顯示
>
> 萬巒豬腳
> 岡山羊肉爐
> 深坑臭豆腐
>
> 確定

說明

1. 第 5~7 行：其標籤名稱相同，皆為 <li>，為 <ul> 清單內的三個項目。

2. 第 10 行：使用 getElementsByTagName() 方法找到名稱為 <li> 的標籤，
   並將回傳的集合指定給 foods 變數存放。

3. 第 12~14 行：使用 for 迴圈將 foods 變數中取出三個項目的文本內容，
   儲存在 foodMsg 變數中。

4. 第 15 行：將 foodMag 變數內容顯示在框息框。

三. getElementsByClassName() 方法

使用本方法可以透過元素的 class 屬性值 (類別名稱)，來取得符合元素
的實體。這個方法也是取得多個元素，可以使用它來選擇所有帶有特定類
別名稱的按鈕、段落…等元素。這個方法的傳回值是 DOM 中的
HTMLCollection 集合。

語法

> var elements = document.getElementsByClassName('className');

範例：

取得類別 (class) 屬性值為 "rec" 的元素，在頁面上顯示取得元素的文本。

程式碼 FileName : getElementsByClassName.html

```
01 <!DOCTYPE html>
02 <html>
03   <body>
04     <ul>
05       <li id="item1" class="rec">萬巒豬腳</li>
06       <li id="item2">岡山羊肉爐</li>
07       <li id="item3" class="rec">深坑臭豆腐</li>
08     </ul>
09     <script>
10       var foods = document.getElementsByClassName('rec');
11       document.write('已食用記錄：<br>');
12       for (var i = 0; i < foods.length; i++) {
13         document.write(foods[i].textContent + '<br>');
14       }
15     </script>
16   </body>
17 </html>
```

執行結果

↺ 說明

1. 第 5,7 行：這兩個 <li> 元素的 class 屬性值為 "rec"。

2. 第 10 行：使用 getElementsByClassName() 方法找到 class 屬性值為 "rec" 的元素，並將回傳的集合指定給 foods 變數存放。

3. 第 12~14 行：使用 for 迴圈將 foods 變數中取出元素的文本內容，並顯示在頁面上。

4. 因為 foods 變數是集合物件類似於陣列，故第 13 行可以用 foods[i] 來取代 foods.item(i)。

四. getElementsByName() 方法

在 HTML 中建立在 <form> 標籤的表單內容，有 <input> 和 <select> 等表單元素。其中的 radio (選項按鈕)、checkbox (核取方塊)、下拉式選單 … 等，都有數個單選或多選的選擇項目，而同一組項目的 name 屬性值必須設成一樣。此時就可以使用本方法透過項目元素的 name 屬性值，來取得一群符合的元素實體。

> **語法**
> var inputs = document.getElementsByName('myInput');

1. 這個方法的傳回值是一個 NodeList 集合。變數 (集合物件實體) 擁有 length 屬性和 item(index) 方法 … 等成員。

範例：

製作一組核取方塊，透過 name 屬性值為 "food" 取得元件，然後在頁面使用主控台 (Console) 窗格來顯示符合元件的 value 內容。

程式碼 FileName：getElementsByName.html

```
01 <!DOCTYPE html>
02 <html>
03  <body>
04   <form>
```

05	地名食物：
06	`<p><input type="checkbox" name="food" value="萬巒豬腳">萬巒豬腳</p>`
07	`<p><input type="checkbox" name="food" value="岡山羊肉爐">岡山羊肉爐</p>`
08	`<p><input type="checkbox" name="food" value="深坑臭豆腐">深坑臭豆腐</p>`
09	`</form>`
10	`<script>`
11	var food = document.getElementsByName('food');
12	for (var i = 0; i < food.length; i++) {
13	console.log(food[i].value);
14	}
15	`</script>`
16	`</body>`
17	`</html>`

執行結果

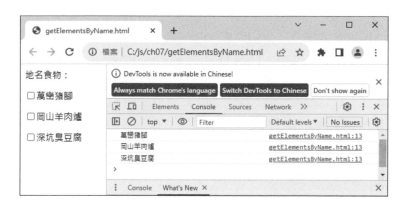

說明

1. 第 6~8 行：這三個核取方塊元件的 name 屬性值皆設為 "food"。

2. 第 11 行：使用 getElementsByName() 方法取得 name 屬性值為 "food" 的元件，並將回傳的集合指定給 food 變數存放。

7.3　存取元素的屬性內容

在上節中，我們引用了元素節點來讀取 HTML 文件中的元素文本及 value...等屬性內容。本節我們來探討如何存取元素的屬性內容。

7.3.1　文本屬性

要讀取或設定元素的文本內容，可以使用 textContent、innerText、innerHTML ... 等屬性。這三個屬性在使用上有一些差異。

一. textContent 屬性

這個屬性我們已見過數次，在引用元素讀取文本內容時，大部份都是使用 textContent 屬性。但 textContent 屬性所傳回的值，是文本的純文字，文本中若有
 元素或 CSS 樣式設定，textContent 屬性不會解讀。

📥 **範例：**

使用 textContent 屬性讀取 <p> 元素的文本內容，再用主控台 (Console) 窗格來顯示。

程式碼　FileName : textContent.html

```
01 <!DOCTYPE html>
02 <html>
03   <body>
04     <h2>地名食物</h2>
05     <p id="foodMsg">
06       <style>#u { text-decoration: underline; } </style>
07       有些小吃從該地域起源，<br>冠上該<span id="u">地域名稱</span>作為一個象徵。
08       <span style="visibility: hidden">我是隱藏文字</span>
09     </p>
10     <script>
11       var msg = document.getElementById('foodMsg');
12       console.log(msg.textContent);
13     </script>
14   </body>
15 </html>
```

執行結果

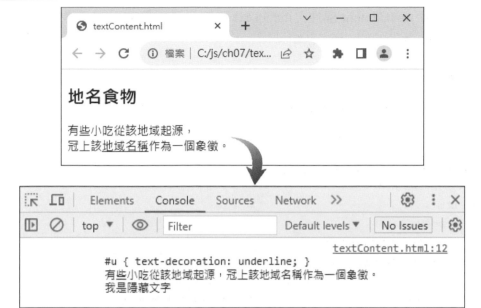

說明

1. 在 Console 窗格顯示的資料中可以發現，CSS 樣式設定內容被解讀為一般文字，
 元素的換行功能沒有被解讀到，隱藏文字也被顯示。

2. 第 6 行：是 CSS 樣式設定，使用 id 選擇器。若有設定「id="u"」的元素，其文本內容顯示時文字要加底線。

3. 第 7 行：文本包含
 元素和 <span> 元素。
 元素會造成之後的文本換行顯示；而 <span> 元素內的文本要加底線顯示。

4. 第 8 行：<span> 元素內的文本顯示被隱藏。

5. 第 11 行：建立 msg 變數來代表 <p> 元素實體。

6. 第 12 行：讀取 msg 變數 (<p> 元素實體) 的 textContent 屬性值資料，用主控台 (Console) 窗格來顯示。

二. innerText 屬性

不同於 textContent 屬性，innerText 屬性會考慮 CSS 樣式對文本的影響，也會解讀
 元素的功用。

📥 **範例：**

將上例改用 innerText 屬性讀取 <p> 元素的文本內容，再用 Console 窗格來顯示。觀察和上例比較有無差異？

程式碼 FileName：innerText.html

```
01 <!DOCTYPE html>
02 <html>
03   <body>
04     <h2>地名食物</h2>
05     <p id="foodMsg">
06       <style>#u { text-decoration: underline; } </style>
07       有些小吃從該地域起源，<br>冠上該<span id="u">地域名稱</span>作為一個象徵。
08       <span style="visibility: hidden">我是隱藏文字</span>
09     </p>
10     <script>
11       var msg = document.getElementById('foodMsg');
12       console.log(msg.innerText);
13     </script>
14   </body>
15 </html>
```

執行結果

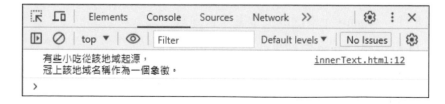

🔍 **說明**

1. 在 Console 窗格顯示的資料中可以發現，CSS 樣式被正常解讀了，
 元素的換行功能被執行，隱藏文字沒有顯示出來。

2. 第 7 行敘述中，<span> 元素內的文本要加底線的設定，在 Console 窗格內沒顯示，是因為 Console 窗格的文本是純文字格式，無法做樣式排版的功能。

三. innerHTML 屬性

innerHTML 是一個 DOM 屬性，用於讀取或設定元素的 HTML 內容。它允許你訪問元素的子元素、文本和 HTML 結構。innerHTML 屬性需要謹慎使用，因為它涉及到操作 HTML 程式碼結構，可能引發安全問題或導致性能問題。

1. **讀取元素的 HTML 內容：**

innerHTML 和 textContent 的差異在於它們如何處理元素的內容。

innerHTML 讀取元素的整個 HTML 內容 (包含子孫元素標籤名稱及文本)，而 textContent 只能讀取元素及子孫元素的文本。

🔽 **範例：**

比較分別使用 textContent 和 innerHTML 屬性來讀取 <div> 元素的內容，用 Console 窗格顯示。觀察兩者屬性值被讀取的內容差異。

程式碼　FileName：innerHTML_1.html

```
01 <!DOCTYPE html>
02 <html>
03   <body>
04     <div id="dele">這是 <del>刪除線</del> 文字 </div>
05     <script>
06       var msg = document.getElementById('dele');
07       console.log('textContent: ' + msg.textContent);
08       console.log('innerHTML: ' + msg.innerHTML);
09     </script>
10   </body>
11 </html>
```

執行結果

說明

1. 第 4 行：<div> 元素的內容包含了子元素 <del>。

2. 第 7 行：textContent 屬性值只有 <div> 元素和子元素 <del> 的文本。

3. 第 8 行：innerHTML 屬性值有 <div> 元素文本、子元素 <del> 的標籤名稱和文本。

2. **設定元素的 HTML 內容：**

可以使用 innerHTML 來設定元素的 HTML 內容，這意味著允許你在運行時更改元素的結構或內容。需要注意的是，透過 innerHTML 修改元素的 HTML 內容可能會導致安全問題，特別是在從不受信任的來源接收數據時。

設定元素的字串內容若含有 HTML 標籤文字時，指定給 innerHTML 和 textContent 兩屬性的結果會有差異。指定給 textContent 屬性時，其所含的 HTML 標籤文字被視為純文字。但指定給 innerHTML 屬性時，所含的 HTML 標籤文字會解讀成元素而加入 DOM 樹結構。

範例：

將含有 HTML 標籤文字的字串，分別來指定不同 <p> 元素的 textContent 和 innerHTML 屬性。觀察兩屬性值被設定後的結果差異。

程式碼　FileName : innerHTML_2.html

```
01 <!DOCTYPE html>
02 <html>
03   <body>
04     <p id="p1"></p>
05     <p id="p2"></p>
06     <script>
07       var txt1 = document.getElementById('p1');
08       var txt2 = document.getElementById('p2');
09       txt1.textContent = 'textContent: ' + '<button>按鈕</button>';
10       txt2.innerHTML = 'innerHTML: ' + '<button>按鈕</button>';
11     </script>
12   </body>
13 </html>
```

執行結果

💡 說明

1. 第 4,5 行：建立了兩個 <p> 元素。

2. 第 9 行：將含有 HTML 標籤文字 <button> 的字串，指定給 id="p1" 的 <p> 元素實體 txt1。結果在該 <p> 元素內的文本是整個字串的純文字。

3. 第 10 行：將含有 HTML 標籤文字 <button> 的字串，指定給 id="p2" 的 <p> 元素實體 txt2。結果在該 <p> 元素內的文本卻含有 <button> 元素。

7.3.2 元素的屬性

　　DOM 中的 Properties 和 Attributes 都稱為屬性。Properties 是 JavaScript DOM 物件上的屬性，不會影響到 HTML 元素；而 Attributes 是 HTML 元

素上的屬性，像是 HTML 標籤上的 id 或 class 屬性。現在我們來介紹怎麼透過 DOM 程式介面操作 HTML 上的元素屬性 (Attributes)。

一. hasAttribute(attrName) 方法

這個方法用來檢查參數 attrName 指定的 HTML 元素是否存在。

簡例 (hasAttribute.html)

```
01 <!DOCTYPE html>
02 <html>
03   <body>
04     <a id="edu" href="https://www.edu.tw">教育部</a>
05     <script>
06       var edu = document.getElementById('edu');    // 取得 edu 元素
07       window.alert(edu.hasAttribute('href'));       // 顯示 true
08       window.alert(edu.hasAttribute('abc'));        // 顯示 false
09     </script>
10   </body>
11 </html>
```

第 4 行建立 id="edu" 的 <a> 元素時，有設定 href 屬性，所以第 7 行 edu.hasAttribute('href') 敘述會傳回 true。而第 8 行 edu.hasAttribute('abc') 敘述會傳回 false，是因為 abc 屬性不存在。

二. getAttribute(attrName) 方法

這個方法用來獲取元素中 attrName 參數所指定屬性名稱的屬性值。若找不到指定的屬性，會傳回 null 或空字串。

簡例 (getAttribute.html)

```
01 <!DOCTYPE html>
02 <html>
03   <body>
04     <a id="edu" href="http://www.edu.tw" target="_blank" data>教育部</a>
05     <script>
```

```
06          var edu = document.getElementById('edu');    // 取得 edu 元素
07          window.alert(edu.getAttribute('abc'));        // 顯示 null
08          window.alert(edu.getAttribute('href'));   // 顯示 http://www.edu.tw
09          window.alert(edu.getAttribute('target'));     // 顯示 _blank
10          window.alert(edu.getAttribute('data'));       // 顯示 空字串
11      </script>
12      </body>
13  </html>
```

　　第 4 行建立 id="edu" 的 <a> 元素時，有設定 href、target、data 屬性，其中 data 屬性沒有設定屬性值。第 7 行 edu.getAttribute('abc') 敘述會傳回 null，是因為 abc 屬性不存在。而第 10 行 edu.getAttribute('data') 敘述會傳回空字串，是因為 data 屬性沒有設定屬性值。

三. setAttribute(attrName, value) 方法

　　這個方法用來建立新增的 HTML 元素的屬性，如果指定的屬性已存在，則更新其屬性值。

簡例 (setAttribute.html)

```
01  <!DOCTYPE html>
02  <html>
03      <body>
04          <a id="edu" href="http://www.edu.tw">教育部</a>
05          <script>
06            var edu = document.getElementById('edu');    // 取得 edu 元素
07            window.alert(edu.getAttribute('target'));    // 顯示 null
08            edu.setAttribute('target', '_blank');  //設定 target 屬性值為 _blank
09            window.alert(edu.getAttribute('target'));    // 顯示 _blank
10          </script>
11      </body>
12  </html>
```

　　第 4 行建立 id="edu" 的 <a> 元素時，沒有設定 target 屬性，所以第 7 行 edu.getAttribute('target') 敘述會傳回 null。但第 8 行再設定 target 屬性值為 '_blank'，故第 9 行 edu.getAttribute('target') 敘述會傳回 '_blank'。

四. removeAttribute(attrName) 方法

這個方法用來移除 attrName 參數所指定的屬性。若該參數已經不存在，也不會出現錯誤。

簡例 (removeAttribute.html)

```
01 <!DOCTYPE html>
02 <html>
03   <body>
04     <a id="edu" href="http://www.edu.tw" data="875">教育部</a>
05     <script>
06       var edu = document.getElementById('edu');    // 取得 edu 元素
07       window.alert(edu.getAttribute('data'));       // 顯示 875
08       edu.removeAttribute('data');                  // 移除 data 屬性
09       window.alert(edu.getAttribute('data'));       // 顯示 null
10     </script>
11   </body>
12 </html>
```

第 4 行建立 id="edu" 的 <a> 元素時，有設定 data 屬性，其屬性值為 '875'。第 7 行 edu.getAttribute('data') 敘述會傳回 '875'。但第 8 行將 data 屬性移除，故第 9 行 edu.getAttribute('data') 敘述會傳回 null。

7.4 走訪節點

在第 7.2 節中，我們使用 id、標籤名稱、類別名稱 … 來取得元素節點。本節我們基於 DOM 樹結構，只要先取得 HTML 文件中某個節點當做目前節點，利用該節點的下列屬性，就可以進一步取得它的父節點、子節點、兄弟節點 …。

1. **parentNode**：取得目前節點的父節點。

2. **childNodes**：取得目前節點的子節點。

3. **firstChild**：取得目前節點的第一個子節點。

4. **lastChild**：取得目前節點的最後一個子節點。

5. **previousSibling**：取得目前節點前面鄰接的兄弟節點。

6. **nextSibling**：取得目前節點後面鄰接的兄弟節點。

範例：

由目前節點走訪父節點。

程式碼 FileName : parentNode.html

```
01 <!DOCTYPE html>
02 <html>
03   <body>
04     <ul id="food">
05       <li id="item1">萬巒豬腳</li>
06       <li id="item2">岡山羊肉爐</li>
07       <li id="item3">深坑臭豆腐</li>
08     </ul>
09     <textarea id="output" rows="4" cols="60"></textarea>
10     <script>
11       var current = document.getElementById('item2');  // 建立目前節點
12       var parent = current.parentNode;                 // 走訪父節點
13       var output = document.getElementById('output');
14       var msg = '';
15       msg += '目前節點：' + current.getAttribute('id') + '\n';
16       msg += '父節點：' + parent.getAttribute('id');
17       output.value = msg;
18     </script>
19   </body>
20 </html>
```

執行結果

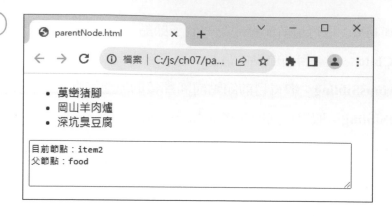

🔍 說明

1. 第 11 行：建立目前節點為 id='item2' 的元素 (第 6 行的 <li> 標籤)。

2. 第 12 行：從目前節點走訪其父節點。

3. 第 13 行：建立第 9 行的 <textarea> 文字區域的物件實體，指定給 output 變數來實作。

4. 第 14~17 行：將走訪過的歷程 (父子節點的 id 值) 顯示在 <textarea> 文字區域內。

　　父節點只有一個，但子節點會有 0 到多個。如果 DOM 樹中有出現一父多子的結構時，有些瀏覽器會把子元素之間的換行或空白當作一個文本節點。如下圖所示：

父節點	子節點	孫節點
<ul id="food">	①	
	<li id="item1">	萬巒豬腳
	②	
	<li id="item2">	岡山羊肉爐
	③	
	<li id="item3">	深坑臭豆腐
	④	

上圖中一個父節點可能會有 7 個子節點。其中三個 <li> 標籤為元素節點，而①②③④這四個為文本節點 (元素之間的換行或空白)。三個孫節點 (萬巒豬腳、岡山羊肉爐、深坑臭豆腐) 也是文本節點。我們可以使用節點物件的 nodeType 屬性來判斷節點的類型。常見的 nodeType 屬性值如下：

常數	值	說明
Node.ELEMENT_NODE	1	元素節點
Node.ATTRIBUTE_NODE	2	屬性節點
Node.TEXT_NODE	3	文本節點
Node.DOCUMENT_NODE	9	文件節點

範例：

由父節點走訪子節點。

程式碼 FileName：childNodes.html

```
01 <!DOCTYPE html>
02 <html>
03   <body>
04    <ul id="food">
05       <li id="item1">萬巒豬腳</li>
06       <li id="item2">岡山羊肉爐</li>
07       <li id="item3">深坑臭豆腐</li>
08    </ul>
09    <textarea id="output" rows="5" cols="60"></textarea>
10    <script>
11     var current = document.getElementById('food');    // 建立目前節點
12     var child = current.childNodes;         // 走訪子節點
13     var output = document.getElementById('output');
14     var msg = '';
15     msg += '目前節點：' + current.getAttribute('id') + '\n';
16     for (var i=0; i<child.length; i++) {
17       if (child[i].nodeType === Node.ELEMENT_NODE) {
18         msg += '子元素節點：' + child[i].getAttribute('id') + '\n';
19       }
```

```
20          }
21        output.value = msg;
22      </script>
23    </body>
24 </html>
```

執行結果

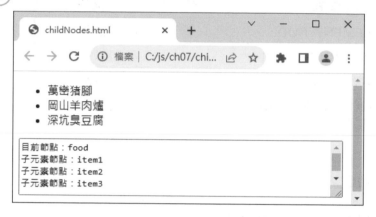

說明

1. 第 11 行：建立目前節點為 id='food' 的元素 (第 4 行的 `<ul>` 標籤)。

2. 第 12 行：從目前節點走訪子節點。所走訪的子節點可能有 7 個，所以 child 變數會是個 NodeList 集合物件實體。

3. 第 16~20 行：使用 for 迴圈配合 nodeType 屬性篩選出所有元素節點。

簡例 修改上範例，走訪兄弟節點。(brother.html)

```
01 <script>
02   var current = document.getElementById('item2');
03   var output = document.getElementById('output');
04   var brother = current.nextSibling;
05   var msg = '';
06   msg += '目前節點:' + current.getAttribute('id') + '\n';
07   while(brother) {
08     if (brother.nodeType === Node.ELEMENT_NODE) {
09       msg += '弟節點:' + brother.getAttribute('id') + '\n';
10     }
```

```
11      brother = brother.nextSibling;
12    }
13    output.value = msg;
14 </script>
```

説明

1. 第 2 行：取得 id="item2" 的 <li> 元素，做為目前節點。

2. 第 4 行：取得目前節點後面鄰接的兄弟節點。

3. 第 7~12 行：當兄弟節點存在時，進入迴圈，直到沒有節點。

4. 第 8~10 行：若兄弟節點是元素節點，就取得 id 屬性值。

7.5　管理節點

7.5.1 新增節點

在現有的 DOM 樹結構中，要新增一個節點，第一步要做的是「建立節點」。常見的四個類型節點中，除了文件節點 (Document Node) 外，其餘節點都可以建立。

1. 使用 createElement() 方法來建立元素節點。

 var element = document.createElement('標籤名稱');

'標籤名稱' 參數為要建立的元素標籤名稱。如：'p' 表示 <p> 元素、'div' 表示 <div> 元素、'li' 表示 <li> 元素。如：

```
var element = document.createElement('div');
```

element 變數為 <div> 元素節點物件，但新建立的節點還沒被加入到 DOM 樹結構。

2. 使用 appendChild() 方法將建立的節點加入到 DOM 樹結構。

 parentElement.appendChild(childNode);

語法中 parentElement 為要添加子節點的父元素，childNode 參數是要被加入 DOM 樹結構中的新建立節點。如：

```
document.body.appendChild(element);
```

將先前新建立的 <div> 元素節點物件 (element 變數)，加入 DOM 樹結構內。其父節點為文件的 <body> 標籤元素。

3. 使用 createTextNode() 方法來建立文本節點：

 var textNode = document.createTextNode('文本內容');

'文本內容' 參數為你想要包含在文本節點的文字，然後可以將這個文本節點使用 appendChild() 方法，加入到已建立的元素節點中。如：

```
var textNode = document.createTextNode('這是一段文字');
element.appendChild(textNode);
```

4. 使用 createAttribute() 方法來建立屬性節點：

 var attribute = document.createAttribute('屬性名稱');

'屬性名稱' 參數為要建立的屬性的名稱。然後你可以將這個屬性節點使用 setAttributeNode() 方法加入到元素中。如：

`var div = document.createElement('div');`	`// 建立元素節點`
`var attribute = document.createAttribute('id');`	`// 建立屬性節點`
`attribute.value = 'divId';`	`// 設置屬性值`
`div.setAttributeNode(attribute);`	`// 將屬性節點加入到元素節點中`

📥 **範例：**

從含有三個項目的 <ul> 清單中，新增第四個項目 (<li>元素節點)，該新增元素節點的文本為 '彰化肉圓'、id 屬性值為 'item4'。

執行結果

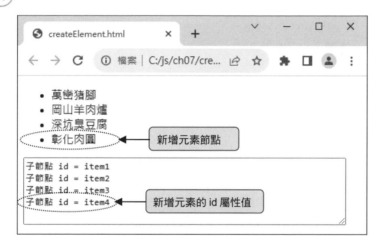

程式碼　FileName : createElement.html

01	`<!DOCTYPE html>`
02	`<html>`
03	`  <body>`
04	`    <ul>`
05	`      <li id="item1">萬巒豬腳</li>`
06	`      <li id="item2">岡山羊肉爐</li>`
07	`      <li id="item3">深坑臭豆腐</li>`
08	`    </ul>`
09	`    <textarea id="output" rows="6" cols="60"></textarea>`
10	`    <script>`
11	`      var newLi = document.createElement('li');　　　　//建立元素節點`
12	`      var newText = document.createTextNode('彰化肉圓'); //建立文本節點`
13	`      newLi.appendChild(newText);　　　　　　　//文本節點加入元素節點`

```
14        var newAttri = document.createAttribute('id');     //建立屬性節點
15        newAttri.value = 'item4';                          //設定 id 屬性值
16        newLi.setAttributeNode(newAttri);              //屬性節點加入元素節點
17        var ulElement = document.getElementsByTagName('ul'); //<ul>集合
18        var firstUl = ulElement[0];                    //取得<ul>[0]元素
19        firstUl.appendChild(newLi);   //將新建立 newLi 元素節點加入<ul>清單內
20
21        var output = document.getElementById('output');
22        var child = firstUl.childNodes;
23        var msg = '';
24        for (var i=0; i<child.length; i++) {
25          if (child[i].nodeType === Node.ELEMENT_NODE) {
26            msg += '子節點 id = ' + child[i].getAttribute('id') + '\n';
27          }
28        }
29        output.value = msg;
30      </script>
31    </body>
32  </html>
```

說明

1. 第 4~8 行：一開始在 <ul> 清單中只有三個項目。

2. 第 11 行：先建立一個元素節點 newLi。

3. 第 12~13 行：建立一個文本節點 newText，將 newText 文本節點加入到 newLi 元素節點中。

4. 第 14~16 行：建立一個屬性節點 newAttri，設置 id 屬性值為 'item4'，再將 newAttri 屬性節點加入到 newLi 元素節點中。

5. 第 17~18 行：取得 ulElement 變數。但 ulElement 變數是一個 HTMLCollection 集合，而 <ul> 標籤是第一個出現，故用索引 [0] 來取得 firstUl 節點。

6. 第 19 行：將新建立的 newLi 元素節點加入到 firstUl 元素節點 (<ul>清單) 內。但清單 (firstUl 元素節點) 內已有三個項目 (子元素節點)，所以新加入的元素，會被排列到最後一個子節點，成為第四個項目。

7. 第 21~29 行：使用 <textarea> 文字區域顯示清單內所有子元素節點的 id 屬性值。

7.5.2 插入節點

插入節點和新增節點一樣，都是做為子節點。故要先指定要加入的父節點 parentNode。然後使用 insertBefore() 方法將新節點 newNode 插入到參考節點 referenceNode 的前面。

 parentNode.insertBefore(newNode, referenceNode);

簡例 在 HTML 文件內，先建立 <div> 元素，然後撰寫 JavaScript 程式，使在 <div> 前面插入 <p> 元素節點。 (insertBefore.html)

```
01  <!DOCTYPE html>
02  <html>
03    <body>
04      <div id="div">這是一段 div 文字</div>
05      <script>
06        var div = document.getElementById('div');    //取得參考節點
07        newNode = document.createElement('p');        //建立新元素節點
08        newNode.textContent = '這是一段 p 文字';
09        document.body.insertBefore(newNode, div);      //插入新元素節點
10      </script>
11    </body>
12  </html>
```

7.5.3 取代節點

取代節點就是使用 replaceChild() 方法，替換在父節點 parentNode 中的一個已存在的子節點 oldChild，使為另一個新子節點 newChild。

 語法 parentNode.replaceChild(newChild, oldChild);

範例 將清單 (父節點) 內的第二個子節點 '岡山羊肉爐'，由新建立的節點 '員林米抬目' 取代。(replaceChild.html)

```
01 <!DOCTYPE html>
02 <html>
03   <body>
04     <ul>
05       <li>萬巒豬腳</li>
06       <li>岡山羊肉爐</li>
07       <li>深坑臭豆腐</li>
08     </ul>
09     <script>
10       var newChild = document.createElement('li');        //建立新元素節點
11       newChild.textContent = '員林米抬目';                 //新元素文本
12       var oldChild = document.getElementsByTagName('li')[1]; //第 2 個項目
13       var parentNode = oldChild.parentNode;               // 取得父節點
14       parentNode.replaceChild(newChild, oldChild);        // 取代節點
15     </script>
16   </body>
17 </html>
```

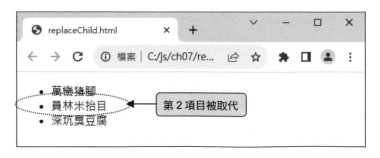

7.5.4 移除節點

移除節點就是使用 removeChild() 方法，從父節點 parentNode 中刪除指定的子節點 childNode。

　parentNode.removeChild(childNode);

簡例 將清單 (父節點) 內的第一個子節點 '萬巒豬腳' 移除掉。

(removeChild.html)

```
01 <!DOCTYPE html>
02 <html>
03   <body>
04     <ul>
05       <li>萬巒豬腳</li>
06       <li>岡山羊肉爐</li>
07       <li>深坑臭豆腐</li>
08     </ul>
09     <script>
10       var childNode = document.getElementsByTagName('li')[0];//第 1 個項目
11       var parentNode = childNode.parentNode;       // 取得父節點
12       parentNode.removeChild(childNode);           // 移除節點
13     </script>
14   </body>
15 </html>
```

文件物件模型(二)

8.1 存取表單元件

在第 2 章介紹常用表單元件，得知網頁表單是用戶與網頁進行互動的重要元素。本節我們進一步來了解如何使用 JavaScript 程式，來進行用戶與網頁表單元件之間的資料存取。

8.1.1 按鈕

一個簡單按鈕，可以用來觸發 JavaScript 函式執行特定的操作。如果元件會觸發 JavaScript 的程式函式，則必須設定 id 和 onclick 屬性。id 屬性是該元件的身分代號，onclick 屬性是設置觸發按鈕被點按一下事件時，所要執行的函式。

onclick 是 HTML 元素的事件屬性，用來設定事件處理函式。除外尚有 ondblclick、onkeydown、onmouseup、onmousemove...等事件屬性。

📥 **範例：**

使用兩個按鈕元件，分別用來觸發顯示日期和時間的函式。

執行結果

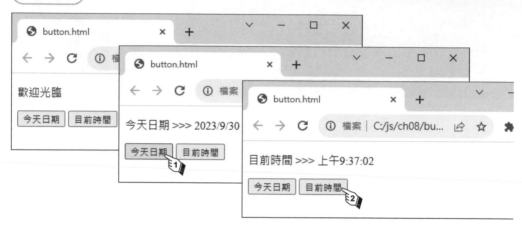

程式碼 FileName : buuton.html

```
01  <!DOCTYPE html>
02  <html>
03    <body>
04      <p id="pMsg">歡迎光臨</p>
05      <form>
06        <input type="button" value="今天日期" id="btnDate"
                               onclick="showDate()">
07        <input type="button" value="目前時間" id="btnTime"
                               onclick="showTime()">
08      </form>
09      <script>
10        function showDate() {
11          var btnDate = document.getElementById('btnDate');
12          var pMsg = document.getElementById('pMsg');
13          var dt = new Date();
14          var msg = btnDate.value + ' >>> ' + dt.toLocaleDateString();
15          pMsg.textContent = msg;
16        }
17        function showTime() {
18          var btnTime = document.getElementById('btnTime');
19          var pMsg = document.getElementById('pMsg');
```

20	`        var dt = new Date();`
21	`        pMsg.textContent = btnTime.value + ' >>> ' +`
	`                           dt.toLocaleTimeString();`
22	`      }`
23	`    </script>`
24	`  </body>`
25	`</html>`

◔ 説明

1. 第 5~8 行：建立兩個表單按鈕元件，id 分別為 btnDate 和 btnTime，可分別用來觸發 showDate() 和 showTime() 函式。

2. 第 10~16 行：為 showDate() 函式的主體。被觸發時，可以在 id 為 pMsg 的 <p> 標籤元素內顯示今天的日期。

3. 第 17~22 行：為 showTime() 函式的主體。被觸發時，可以在 id 為 pMsg 的 <p> 標籤元素內顯示目前的時間。

8.1.2 onclick 事件屬性

上一節是利用 HTML 元素的事件屬性來設定事件處理函式，會發現寫在 JavaScript 程式中的不同函式 (事件處理函式) 中，會有相同的敘述。若將下達事件觸發的動作寫在 JavaScript 程式中，用 DOM 事件處理敘述，可避免此種情形，也可成就 HTML 與 JavaScript 程式碼分開處理的原則。

使用 DOM 事件處理敘述的方式，就是要觸發事件的元素先透過 id 屬性值，使用 getElementById() 方法取得元素節點，然後該節點物件再連結事件屬性 (如：onclick)，設定要觸發的事件處理函式。

⬇ 範例：

修改上一個範例，使用 DOM 事件處理敘述，使兩個按鈕元件分別來觸發顯示日期和時間的函式。

執行結果 同上範例

程式碼　FileName : onclick.html

```
01 <!DOCTYPE html>
02 <html>
03   <body>
04     <p id="pMsg">歡迎光臨</p>
05     <form>
06       <input type="button" value="今天日期" id="btnDate">
07       <input type="button" value="目前時間" id="btnTime">
08     </form>
09     <script>
10       var btnDate = document.getElementById('btnDate');
11       var btnTime = document.getElementById('btnTime');
12       var pMsg = document.getElementById('pMsg');
13       var dt = new Date();
14       btnDate.onclick = showDate;
15       btnTime.onclick = showTime;
16       function showDate() {
17         var msg = btnDate.value + ' >>> ' + dt.toLocaleDateString();
18         pMsg.textContent = msg;
19       }
20       function showTime() {
21         pMsg.textContent = btnTime.value + ' >>> ' +
                              dt.toLocaleTimeString();
22       }
23     </script>
24   </body>
25 </html>
```

說明

1. 與上範例不同。第 6,7 行已沒有使用 HTML 元素的事件屬性，而下達事件觸發的動作是寫在第 14,15 行的 JavaScript 程式敘述中。

2. 第 14,15 行：下達 onclick 事件觸發的動作，必須要有指定的元素節點來連結。但這裡要特別的注意，所要觸發的事件處理函式，只能寫函式名稱，不能加上小括號。

8.1.3 文字欄位

　　文字欄位最主要的功能，是可以讓使用者透過鍵盤來輸入資料或修改資料。表單提供的文字欄位有 text (單行文字欄位)、password (密碼文字欄位)、textArea (多行文字欄位)，另外有提供 submit (提交按鈕)、reset (重置按鈕) 來確認這些文字欄位的輸入及還原動作。

🔽 **範例：**

　　使用者在表單輸入帳號、密碼資料後，按 提交 鈕，將輸入資料和正確資料做比對。根據比對結果，彈出對話框顯示錯誤和正確的訊息。

執行結果

程式碼　FileName : password.html

```
01 <!DOCTYPE html>
02 <html>
03    <body>
```

04	`<form>`
05	請輸入帳號密碼
06	`<p><label for="userName">帳號：</label>` `    <input type="text" id="userName"></p>`
07	`<p><label for="userPW">密碼：</label>` `    <input type="password" id="userPW"></p>`
08	`<input type="submit" id="btnSubmit">`
09	`<input type="reset">`
10	`</form>`
11	`<script>`
12	`var userName = document.getElementById('userName');`
13	`var userPW = document.getElementById('userPW');`
14	`var btnSubmit = document.getElementById('btnSubmit');`
15	`const NAME = 'gotop';`
16	`const PW = '5201314';`
17	`btnSubmit.onclick = showMsg;`
18	`function showMsg() {`
19	`  if (userName.value === NAME && userPW.value === PW)`
20	`    window.alert('<<< 歡迎光臨 >>>');`
21	`  else`
22	`    window.alert('帳號密碼錯誤，請重新輸入...');`
23	`}`
24	`</script>`
25	`</body>`
26	`</html>`

說明

1. 第 8 行：建立 submit 元件按鈕，若 value 屬性值沒設定，預設值為 "提交"。該按鈕內定功能用來提交表單資料給後端伺服器處理，一旦提交任務完成後，表單內的元件 (如 text、password) 欄位內容便會自動還原成預設值。

2. 第 9 行：建立 reset 元件按鈕，若 value 屬性值沒設定，預設值為 "重設"。該按鈕內定功能用來還原表單內的元件欄位內容成預設值。

3. 第 8,9 行：若所建立的按鈕不想需要有內定功能時，可建立一般按鈕。

   ```
   <input type="button" value="確定" id="btnOK">
   ```

4. 第 15,16 行：用常數 NAME 訂定正確帳號，用常數 PW 訂定正確密碼。

5. 第 19~22 行：比對輸入資料和正確資料。若比對無誤，則在第 20 行顯示 "<<< 歡迎光臨 >>>"；若比對錯誤，則在第 22 行顯示 "帳號密碼錯誤，請重新輸入..."。

範例：

修改上例。使用者在表單輸入帳號、密碼資料後，使用一般按鈕 確定 、 清除 鈕，來確認輸入資料或清除輸入資料。用 textArea 元件來顯示錯誤和正確的訊息。

執行結果

程式碼　FileName : textArea.html

```
01  <!DOCTYPE html>
02  <html>
03    <body>
04      <form>
05        請輸入帳號密碼
06        <p><label for="userName">帳號:</label>
              <input type="text" id="userName"></p>
07        <p><label for="userPW">密碼:</label>
              <input type="password" id="userPW"></p>
08        <input type="button" value="確定" id="btnOK">
```

8-7

```
09      <input type="button" value="清除" id="btnCls">
10      <p><textarea id="txtMsg" rows="5" cols="40"></textarea></p>
11    </form>
12    <script>
13      var userName = document.getElementById('userName');
14      var userPW = document.getElementById('userPW');
15      var btnOK = document.getElementById('btnOK');
16      var btnCls = document.getElementById('btnCls');
17      var txtMsg = document.getElementById('txtMsg');
18      const NAME = 'gotop';
19      const PW = '5201314';
20      msg = '';                // 用來在 textArea 元素內顯示的字串
21      btnOK.onclick = showMsg;
22      btnCls.onclick = cleanMsg;
23      function showMsg() {
24        if (userName.value === NAME && userPW.value === PW)
25          msg += '\n <<< 歡迎光臨 >>>';
26        else
27          msg += '\n 帳號密碼錯誤，請重新輸入...';
28        txtMsg.value = msg;
29      }
30      function cleanMsg() {
31        userName.value = null;
32        userPW.value = null;
33      }
34    </script>
35  </body>
36 </html>
```

説明

1. 第 8,9 行：改用一般按鈕，沒有內定功能。在第 21,22 行連結 onclick 事件屬性。可分別觸發第 23~29 行和第 30~33 行的函式。

2. 第 20,25,27 行：msg 字串合併的過程，於第 28 行在 textArea 元件內顯示出來。

3. 第 30~33 行：清除 text 和 password 元件已輸入資料，使為空白。

8.1.4 選項按鈕

通常在設計表單介面時，如果在多個選項中只能挑選其中一項時，可以使用 radio 選項按鈕元件來設計。其中只有一個選項按鈕元件能被選取 (checked)，而其它選項按鈕不能被選取，在程式執行期間可動態改變選取狀態。若在一個表單中有多組的選項時，可用 <fieldset>、<legend> 群組元件標籤，來將多個同性質的選項按鈕框架成群組，並可設定框架標題。

📥 範例：

試設計一個計算標準體重的程式。使用者輸入身高 (預設為 160 cm)，用選項按鈕點選性別 (預設為男性) 後，按 確定 鈕會根據性別計算出男女的標準體重。世界衛生組織計算標準體重公式：

① 男性標準體重(kg)：(身高－80) × 70%

② 女性標準體重(kg)：(身高－70) × 60%

執行結果

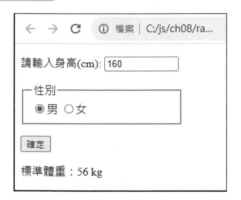

程式碼　FileName : radio.html

```
01  <!DOCTYPE html>
02  <html>
03    <body>
04      <form>
05        <p><label for="txtH">請輸入身高(cm):</label>
              <input type="text" id="txtH" size="10" value="160"></p>
```

```
06        <fieldset style="width:200px;">
07          <legend>性別</legend>
08          <input type="radio" name="gender" value="male" checked>男
09          <input type="radio" name="gender" value="female">女
10        </fieldset>
11        <p><input type="button" value="確定" id="btnOK"></p>
12        <p id="WTMsg">標準體重：</p>
13      </form>
14      <script>
15        var txtH = document.getElementById('txtH');
16        var gender = document.getElementsByName('gender');
17        var btnOK = document.getElementById('btnOK');
18        var WTMsg = document.getElementById('WTMsg');
19        btnOK.onclick = showWTMsg;
20        function showWTMsg() {
21          var height = Number(txtH.value);
22          if (gender[0].checked)
23            var weight = (height-80) * 0.7;
24          if (gender[1].checked)
25            var weight = (height-70) * 0.6;
26          WTMsg.textContent = '標準體重：' + weight + ' kg';
27        }
28      </script>
29    </body>
30 </html>
```

說明

1. 第 5 行：為輸入文字欄位。其中 size="10" 屬性設定欄位長度為 10 個字元，value="160" 屬性設定文字欄位內顯示的預設值，該值會因使用者輸入而改變。

2. 第 6~10 行：將兩個選項按鈕元件框架成群組，並設定框架標題「性別」。在第 6 行用 CSS 設定框架寬度為 200 px。

3. 第 8 行：為選項按鈕元件。該元件的 value (值) 是「male」，但呈現在網頁上的文本是「男」，checked 屬性表示該選項按鈕處於被選取狀態。

4. 第 9 行：為選項按鈕元件。沒有 checked 屬性表示該選項按鈕不是被選取狀態。若本元件也有寫 checked 屬性，則前面有註明 checked 屬性的選項按鈕元件會自動改成不被選取。

5. 第 16 行：使用 getElementsByName() 方法透過選項按鈕元件的屬性值 name="gender" 來取得一群元素實體變數 gender，gender[0] 為第一個選項按鈕 (文本為「男」)、gender[1] 為第二個選項按鈕 (文本為「女」)。

6. 第 22 行：若 gender[0].checked 為 true，即第一個選項按鈕被選取，則執行第 23 行敘述。

7. 第 24 行：若 gender[1].checked 為 true，即第二個選項按鈕被選取，則執行第 25 行敘述。

8.1.5 核取方塊

同一組的多個 radio 選項按鈕之間有互斥性只能單選。若多個選項間可以複選 (checked) 或都不選取，就得使用 checkbox 核取方塊元件了。

🔽 **範例：**

設計幾個可以重複勾取的核取方塊，按 確定 鈕後，在多行文字欄位內顯示勾取結果。

執行結果

程式碼 FileName : checkbox.html

```
01 <!DOCTYPE html>
02 <html>
03   <body>
04    <form>
05     請勾取喜歡的休閒運動項目
06     <fieldset style="width:320px;">
07       <legend>運動</legend>
08       <input type="checkbox" name="sport" value="游泳">游泳
09       <input type="checkbox" name="sport" value="跑步">跑步
10       <input type="checkbox" name="sport" value="單車">單車
11       <input type="checkbox" name="sport" value="桌球">桌球
12       <input type="checkbox" name="sport" value="健身房">健身房
13     </fieldset>
14     <p><input type="button" value="確定" id="btnOK"></p>
15     <p><textarea id="txtMsg" rows="3" cols="45"></textarea></p>
16    </form>
17    <script>
18     var sport = document.getElementsByName('sport');
19     var btnOK = document.getElementById('btnOK');
20     var txtMsg = document.getElementById('txtMsg');
21     btnOK.onclick = showMsg;
22     function showMsg() {
23       msg = '您喜歡的休閒運動是：\n';
24       for (var i = 0; i < sport.length; i++) {
25         if (sport[i].checked)
26           msg += sport[i].value + ' ' ;
27       }
28       txtMsg.value = msg;
29     }
30    </script>
31   </body>
32 </html>
```

⚲ 説明

1. 第 8~12 行：為同一群組的核取方塊。多個項目可以重複勾取或都不勾取，在程式執行期間可以動態改變勾取狀態。

2. 第 18 行：使用 getElementsByName() 方法透過核取方塊元件的屬性值 name="sport" 來取得一群元素實體變數 sport。結果使 sport[0] 為第一個核取方塊「游泳」、sport[1] 為第二個核取方塊「跑步」⋯ sport[4] 為第五個核取方塊「健身房」。

3. 第 24~27 行：逐一用 checked 屬性檢查該核取方塊是否有被勾取。若有被勾取的項目，則取得該項目的 value 屬性值。

8.1.6 下拉式清單

　　前面的選項按鈕與核取方塊，項目被選取時，要設定了 checked 屬性。而下拉式清單，則是使用 selected 屬性來檢查項目是否被選取。

📥 **範例：**

使用下拉式清單，項目的文本是各縣市名稱，項目的 value 屬性是各縣市當地著名山岳名稱。當使用者選取縣市名稱 (可複選)，確認後，顯示複選的縣市名稱與對應的當地山岳名稱。

執行結果

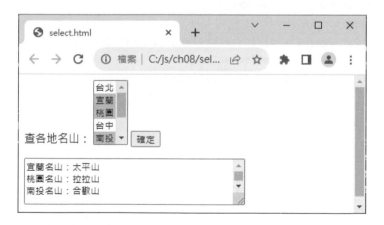

程式碼　FileName：select.html

```
01 <!DOCTYPE html>
02 <html>
03   <body>
```

04	`<form>`
05	`<label for="list">查各地名山：</label>`
06	`<select id = "list" size="5" multiple>`
07	`<option value = "陽明山">台北</option>`
08	`<option value = "太平山">宜蘭</option>`
09	`<option value = "拉拉山">桃園</option>`
10	`<option value = "梨山">台中</option>`
11	`<option value = "合歡山">南投</option>`
12	`<option value = "八卦山">彰化</option>`
13	`<option value = "阿里山">嘉義</option>`
14	`<option value = "壽山">高雄</option>`
15	`</select>`
16	`<input type="button" value="確定" id="btnOK">`
17	`<p><textarea id="txtMsg" rows="4" cols="40"></textarea></p>`
18	`</form>`
19	`<script>`
20	`var spot = [];    // 存放被選取項目的 value 值`
21	`var city = [];    // 存放被選取項目的文本`
22	`var list = document.getElementById('list');`
23	`var btnOK = document.getElementById('btnOK');`
24	`var txtMsg = document.getElementById('txtMsg');`
25	`btnOK.onclick = showMsg;`
26	`function showMsg() {`
27	`  for (var i = 0; i < list.length; i++) {`
28	`    if (list[i].selected) {`
29	`      spot.push(list[i].value);`
30	`      city.push(list[i].textContent);`
31	`    }`
32	`  }`
33	`  var msg = '';`
34	`  for(var j = 0; j < spot.length; j++)`
35	`    msg += city[j] + '名山：' + spot[j] + '\n';`
36	`  txtMsg.value = msg;`
37	`}`
38	`</script>`
39	`</body>`
40	`</html>`

🔾 説明

1. 第 7~14 行：為清單的項目，各有 value 屬性及顯示文本 (textContent)。

2. 第 20 行：宣告 spot 陣列，用來存放被選取項目的 value 屬性值。

3. 第 21 行：宣告 city 陣列，用來存放被選取項目的文本。

4. 第 27~32 行：逐一用 selected 檢查下拉式清單的項目是否有被選取。若有，則分別取得該項目的 value 屬性值和文本並存入 spot 和 city 陣列。

5. 第 33~36 行：將 spot 和 city 陣列元素內容，顯示出來。

8.2　CSS 的套用方式

　　CSS (Cascading Style Sheets 階層樣式表) 在網頁設計占有重要地位，目的用來美化網頁。在 HTML 的基礎上，元素可以套用 CSS 樣式，為 HTML 造就出實用的版面設計。本節介紹三種套用方式，本書以介紹 JavaScript 程式語法為主，CSS 的詳細用法請參考專門的書籍。

一. 內聯樣式

　　直接在 HTML 標籤，使用 style 屬性定義 CSS 樣式表。這個樣式僅適用於該特定元素。

簡例 為標籤 <p> 的文本設定樣式，樣式的內容：文字顏色為藍色；字體大小為 20 像素。

```
<p style="color: blue; font-size: 20px;">這是 CSS 內聯樣式 示例</p>
```

顏色 (color) 及背景色 (background-color) 屬性的設定方式：

1. 使用顏色英文名稱來設定。

2. 使用 RGB 來設定：RGB 是三顏色 r(紅)、g(綠)、b(藍) 以 0~255 十進位數來表示顏色的方法，格式為 rgb(r, g, b)。

3. 使用 RGB 來設定：RGB 是三顏色 r(紅)、g(綠)、b(藍) 以 00~ff 十六進位數來表示顏色的方法，格式為 #rrggbb。

顏色	英文名稱	rgb(r, g, b)	#rrggbb
黑色	black	rgb(0,0,0)	#000000
紅色	red	rgb(255,0,0)	#ff0000
酸橙色	lime	rgb(0,255,0)	#00ff00
藍色	blue	rgb(0,0,255)	#0000ff
黃色	yellow	rgb(255,255,0)	#ffff00
青色	aqua	rgb(0,255,255)	#00ffff
洋紅	magenta	rgb(255,0,255)	#ff00ff
白色	white	rgb(0,0,0)	#000000
粉紅色	pink	rgb(255,192,203)	#ffc0cb
綠色	green	rgb(0,128,0)	#008000
紫色	purple	rgb(128,0,128)	#800080
灰色	gray	rgb(128,128,128)	#808080

二. 內部樣式表

在 HTML 文件檔的 `<head>` 標籤中使用 `<style>` 標籤定義 CSS 內部樣式表。這個樣式表適用於整個 HTML 文件檔中合適的元素來套用。

簡例 製作 CSS 內部樣式表，指定標籤 `<p>` 套用。

```
01 <head>
02   <style>
03     p { color: blue;
           font-size: 20px; }
```

04	`</style>`
05	`</head>`
06	`<body>`
07	`<p>`這是 套用 CSS 內部樣式表 示例`</p>`
08	`</body>`

第 2~4 行建立 CSS 內部樣式表，而第 7 行的標籤 `<p>` 元素會套用這個內部樣式表。

三. 外部樣式表

將 CSS 樣式表保存到一個獨立的外部檔案 (副檔名為 .css)，然後在 HTML 文件檔中透過連結引入外部樣式表。

簡例 製作 CSS 外部樣式表，指定 HTML 文件的標籤 `<p>` 套用。

程式碼 FileName : styles.css (外部檔案)

```
p {
  color: green;
  font-size: 20px;
}
```

程式碼 FileName : styles.html

01	`<!DOCTYPE html>`
02	`<html>`
03	`<head>`
04	`<link rel="stylesheet" type="text/css" href="styles.css">`
05	`</head>`
06	`<body>`
07	`<p>`這是 套用 CSS 外部樣式表 示例`</p>`
08	`</body>`
09	`</html>`

8.3 CSS 樣式表宣告

要在 HTML 中選擇合適的元素來套用 CSS 樣式表，而 CSS 樣式表就得使用 CSS 選擇器來宣告。CSS 的樣式宣告格式通常遵循以下基本結構：

> **語法**
>
> 選擇器 { 屬性 1: 值 1;
>
>   屬性 2: 值 2;
>
>   /* 更多的屬性和值 */
>
> }

① **選擇器**：用來指定哪些 HTML 元素套用指定的樣式。選擇器可以是 HTML 的標籤名稱(如；p、div、h1、h2 …)，也可以是 class 或 id 等。若套用同樣式的選擇器有兩個以上時，不同的選擇器要用「,」隔開。

② **樣式的宣告**：用來設定選擇器所要套用的樣式內容。在大括號 { } 之間每一個樣式格式由「屬性:值;」組成，屬性是樣式化的特徵，每個屬性都有一個對應的值。

一. 元素選擇器

元素選擇器是最基本的選擇器，即在 HTML 架構上直接使用元素標籤名稱 (如：p、div、h1、h2 …) 來設定樣式。

簡例 為段落元素 p 及標題 h3 的文本設定樣式，樣式的內容：文字顏色為紅色；背景色為灰色；字體大小為 16 像素。

```
p, h3 { color: red; background-color: #f0f0f0; font-size: 16px; }
```

二. id 選擇器

利用 id 屬性為元素命名並做為選擇器，id 是元素識別碼，用來判別在 HTML 檔案中特定位置的屬性，id 識別碼具有唯一性。在 HTML 架構上使用「#id 碼」來設定樣式。

簡例 為 id 屬性為 title 的元素設定樣式，樣式的內容為文字置中對齊。

```
#title { text-align: center; }
```

 段落文字可以設定水平對齊方式：

1. 靠左對齊 text-align: left;

2. 置中對齊 text-align: center;

3. 靠右對齊 text-align: right;

三. class 選擇器

利用 class 屬性為元素命名並做為選擇器，用於選擇一個或多個具有相同類別名稱的 HTML 元素。在 HTML 架構上使用「.class 名稱」來設定樣式。

簡例 為 class 屬性為 note 的元素設定樣式，樣式的內容為文字斜體顯示。

```
.note { font-style: italic; }
```

 文字字體樣式可以設定 粗體、斜體、加底線 呈現樣式：

1. 斜體 font-style: italic; ／ 一般 font-style: normal;

2. 粗體 font-weight: bolder; ／ 一般 font-weight: normal;

3. 加底線 text-decoration: underline; ／ 一般 text-decoration: none;

⊙ **範例：**

使用三種基本選擇器製作 CSS 內部樣式表，在 HTML 文件使用適合的元素套用。

執行結果

程式碼　FileName : selector.html

```
01  <!DOCTYPE html>
02  <html>
03    <head>
04      <title>選擇器範例</title>
05      <style>
06        h1 { color: blue; border: dotted 3px;
                width: 200px; text-align: center; }
07        #msg { font-size: 20px; background-color: rgb(255,255,0); }
08        .food { font-style: italic; }
09      </style>
10    </head>
11    <body>
12      <h1>地名食物</h1>
13      <p id="msg">有些小吃從該地域起源，冠上該地域名稱作為一個象徵。</p>
14      <ul class="food">
15        <li>萬巒豬腳</li>
16        <li>岡山羊肉爐</li>
```

17	`<li>深坑臭豆腐</li>`
18	`<li>嘉義雞肉飯</li>`
19	`</ul>`
20	`</body>`
21	`</html>`

說明

1. 第 5~9 行：為本文件所製作的 CSS 內部樣式表，內有三種選擇器所宣告的樣式。

2. 第 12 行：`<h1>` 元素套用第 6 行宣告的樣式。樣式內容有：文字顏色為藍色、虛線框線 (線條寬 3px)、元素寬度 200px、文字置中對齊。

3. 第 13 行：`<p>` 元素的 id="msg"，套用第 7 行宣告的樣式。樣式內容有：字體大小 20px、背景色為黃色。

4. 第 14 行：`<ul>` 清單元素的 class="food"，致使第 15~18 行的所有項目元素全部都套用第 8 行宣告的樣式。樣式內容為斜體顯示。

8.4　JavaScript 操作 CSS 樣式表

一. 使用元素節點的 style 屬性

可以透過 JavaScript 走訪元素節點的 style 屬性，直接設定或修改內聯樣式，改變元素的外觀。

簡例 取得元素實體，設定 style 屬性，改變元素的背景顏色及字體大小。

```
01 // 取得元素實體
02 var element = document.getElementById("myElement");
03 // 改變元素的背景顏色
04 element.style.backgroundColor = "blue";
05 // 改變元素的字體大小
06 element.style.fontSize = "20px";
```

這裡要特別留意，使用 JavaScript 設定 CSS 樣式表的樣式屬性名稱，與先前在 HTML 及 CSS 文件內的樣式屬性名稱有些不同。如第 4、6 行為例，backgroundColor 和 fontSize 屬性名稱沒有「-」連字符號，而且第二個以後的單字字首要大寫。但只有一個單字的屬性名稱，使用方式一樣。即：

CSS 樣式屬性		JavaScript 樣式屬性
background-color	→	backgroundColor
font-size	→	fontSize
color	→	color
width	→	width
text-align	→	textAlign
line-height	→	lineHeight

二. 使用元素節點的 className 屬性

透過 JavaScript 走訪元素節點，使用 className 屬性透過類別名稱，來套用 CSS 內部或外部樣式表中用 class 選擇器宣告的樣式。

簡例 使用 className 屬性套用內部樣式表。(className.html)

```
01  <!DOCTYPE html>
02  <html>
03    <head>
04      <style>
05        .ita {
06          background-color: yellow;
07          width: 200px;
08          font-style: italic;
09          text-align: center;
10        }
11      </style>
12    </head>
13    <body>
```

14	`<h1 id="place">地名食物</h1>`
15	`<script>`
16	`  var place = document.getElementById('place');  //取得元素節點`
17	**`  place.className = 'ita';`**　　　`//透過類別名稱套用 CSS 樣式表`
18	`</script>`
19	`</body>`
20	`</html>`

　　第 5~10 行是用 class 選擇器宣告的 CSS 樣式表。第 17 行指定 id 為 place 的元素節點，透過 className 屬性設定與內部樣式表定義的類別名稱 ita，來套用樣式。

　　同一個元素節點使用 className 屬性只能套用一個 class 選擇器宣告的樣式，若套用第二個類別樣式時，之前套用的樣式設定會失效。

三. 使用元素節點的 classList 屬性

　　同一個元素節點，已經用 className 屬性套用一個 class 選擇器宣告的類別樣式，若還要再增加別的類別樣式，就得使用 classList 屬性的方法，透過類別名稱來添加 (add) CSS 樣式表或移除 (remove) CSS 樣式表。

範例

01	`// 取得需要套用樣式的元素節點`
02	`var element = document.getElementById("myElement");`
03	`// 添加類別名稱宣告的樣式`
04	`element.classList.add('ita');`
05	`// 移除已添加類別名稱宣告的樣式`
06	`element.classList.remove('ita');`

⬇ 範例：

　　設計一個可以動態改變標籤 `<p>` 文本的顯示位置與字型樣式。

執行結果

程式碼　FileName：classList.html

```
01 <!DOCTYPE html>
02 <html>
03   <head>
04    <style>
05     #title {
06       color: blue;                        /* 文本顏色 */
07       background-color: yellow;           /* 背景色 */
08       font-size: 30px;                    /* 字體大小 */
09       width: 250px;                       /* 文本區域寬度 */
10       line-height:50px;                   /* 文本區域高度 */
11     }
12     .left {text-align: left;}             /* 靠左對齊 */
13     .center {text-align: center;}         /* 水平置中 */
```

14	.right {text-align: right;}　　　/* 靠右對齊 */
15	.underline {text-decoration: underline;}　/* 加底線文字 */
16	.bold {font-weight: bolder;}　　/* 粗體文字 */
17	.italic {font-style: italic;}　　/* 斜體文字 */
18	</style>
19	</head>
20	<body>
21	<form>
22	<p id="title">節能減碳</p>
23	對齊：
24	<input type="radio" name="align" >靠左
25	<input type="radio" name="align" checked>置中
26	<input type="radio" name="align" >靠右
27	樣式：
28	<input type="checkbox" name="style" >加底線
29	<input type="checkbox" name="style" >粗體
30	<input type="checkbox" name="style" >斜體
31	<p><input type="button" value="確定" id="btnOK"></p>
32	</form>
33	<script>
34	var title = document.getElementById("title");
35	var align = document.getElementsByName('align');
36	var style = document.getElementsByName('style');
37	var btnOK = document.getElementById("btnOK");
38	title.className = 'center';　　//文本預設為水平置中對齊
39	btnOK.onclick = showTitle;
40	function showTitle() {
41	if (align[0].checked) title.className = 'left';
42	if (align[1].checked) title.className = 'center';
43	if (align[2].checked) title.className = 'right';
44	if (style[0].checked) title.classList.add('underline');
45	if (style[1].checked) title.classList.add('bold');
46	if (style[2].checked) title.classList.add('italic');
47	}
48	</script>
49	</body>
50	</html>

⟲ 説明

1. 第 4~18 行：為 CSS 內部樣式表。其中第 5~11 行為用 id 選擇器宣告的樣式；第 12~17 行皆是由 class 選擇器宣告的樣式。

2. 第 24~26 行：建置三個對齊的選項按鈕，預設文本為 '置中' 的選項按鈕被選取。這三個選項按鈕在執行期間，只能有一個被選取。

3. 第 28~30 行：建置三個樣式的核取方塊，預設皆沒被選取。在執行期間，這三個核取方塊皆可以被選取或不選取。

4. 第 41~43 行：檢查同一群組的三個選項按鈕被選取的情況。這三個選項按鈕的 checked 屬性有互斥性，只會有一個是 true，其餘會是 false。若 checked 屬性值為 true，就設定 title 元素的 className 屬性值為 'left'、'center' 或 'right'。

5. 第 44~46 行：檢查同一群組的三個核取方塊被選取的情況。這三個核取方塊的 checked 屬性沒有互斥性，皆有可能為 true 或為 false。如果 checked 屬性值為 true，分別使用 title 元素的 classList.add() 方法添加 'underline'、 'bold' 和 'italic' CSS 樣式表。

事件處理(一)

09

9.1　認識事件驅動程式設計

　　傳統的程式設計，軟體開發者主導整個程式的流程，使用者只能按照既定的流程來操作。但是到了視窗環境下，程式設計的觀念是將所有的流程都交給使用者來主控，程式會等候使用者觸發某些特定的事件，再做出回應。這樣的程式設計模型就是「事件驅動程式設計」，JavaScript 程式也是基於這種模型來設計的。

　　以此模型所設計的程式，事件是程式與使用者互動的基礎，當物件有事件 (Event) 發生時，該物件就會以訊息 (Message) 通知系統，然後系統會進行處理，並將訊息轉發給相關的物件。例如：當滑鼠在移動時，便不斷有滑鼠移動的事件產生，而訊息也就不斷的發生。同樣的，按下滑鼠或鍵盤的按鍵，也會產生對應的事件來回應該動作。由此可知，事件是透過物件來傳送發生某種動作的訊息，這個動作可能是由使用者的互動所致，也可能是由其他程式所觸發。我們將傳送或觸發事件的物件稱為「發行者」(Publisher) 或是「事件發送者」(Event Sender)；將接收、處理事件的物件稱為「訂閱者」(Subscriber) 或是「事件接收者」(Event Reciever)。

如果想要程式對事件做出回應，就要為該事件撰寫名為事件處理器 (Event Handler) 的函式，也人稱呼它叫事件監聽器 (Event Listener) 或者簡稱事件函式(或稱事件處理函式)、「回呼」(Callback)。然後註冊這個函式，如此當事件發生時函式才能被呼叫。

9.2　事件處理函式

在說明事件處理函式之前，要先了解一些重要的定義。

事件類型 (event type)：事件類型是一個字串，用來代表一個特定的事件，亦可稱為「事件名稱」(event name)。例如：click、change、load … 等。

事件對象 (event target)：指出事件是在哪個物件所發生的。當我們描述事件時，我們必須指明事件類型 (名稱) 及事件對象。例如：在 button 物件上發生了 click 事件。

事件處理函式是負責處理或回應事件的函式。當開發者撰寫了事件的處理敘述並且向 Web 瀏覽器註冊 (定義) 它們，當指定的對象之上發生了指定類型的事件，瀏覽器就會呼叫事件函式。當某個物件呼叫事件處理器時，我們會說瀏覽器觸發了(triggered) 或發送了 (dispatched) 該事件。

網頁程式在處理事件上使用兩種事件模型，一種稱為「基本事件模型」(basic event model)，另外一種稱為「標準事件模型」，網頁程式開發者，都應該熟識這兩種事件模型。

9.2.1 行內模型

　　基本事件模型雖然未被標準化，但由於其發展歷史悠久、簡單易懂，而且所有的瀏覽器皆有支援，因此初學者大多以此入門。

　　基本事件模型有兩種型式，第一種是「行內模型」(inline model)：亦有人稱之為「內聯模型」，這模型是將事件處理函式直接指定給事件對象的事件屬性。

簡例　行內模式簡例一。(inline.html)

```
01   <!DOCTYPE html>
02   <html>
03     <body>
04       <input type="button" value="關閉視窗" onclick="window.close();">
05     </body>
06   </html>
```

說明

1. 第 4 行：onclick 是 input 標籤的事件屬性，事件函式是 onclick 的屬性值，屬性值必須是可以執行的 JavaScript 敘述。

2. 如果 JavaScript 敘述超過兩個，則兩個敘述之間要以分號隔開。

3. 敘述區段前後以雙引號括住，編譯器會將該敘述區段轉譯成匿名函式，指定給事件屬性。

4. 這個事件函式執行時會將瀏覽器關閉。

　　上面的簡例是以匿名函式的方式定義事件函式，程式開發者也可以自行建立事件函式，然後指定給事件屬性。

簡例　行內模式簡例二。(winclose.html)

```
01   <!DOCTYPE html>
02   <script>
03     function winclose() {
```

```
04      window.close();
05    }
06  </script>
07  <html>
08    <body>
09      <input type="button" value="關閉視窗" onclick="winclose()">
10    </body>
11  </html>
```

🔄 說明

1. 第 3~5 行：建立事件函式 winclose()。

2. 第 9 行：指定事件函式 "winclose()" 為 onclick 的屬性值。

9.2.2 傳統模型

基本事件模型的第二種型式稱為傳統模型(traditional model)。行內模型因為將 JavaScript 程式碼寫入 HTML 程式碼之中，所以現在已經不建議這類的寫法。傳統模型的寫法，則是將 HTML 程式碼和 JavaScript 程式碼分開，如此一來可將頁面設計與程式設計分別交付不同人進行，是較佳的作法。

簡例 傳統模式 HTML 程式碼一。(tradition1.html)

```
01  <!DOCTYPE html>
02  <html>
03    <body>
04      <input type="button" id="btn1" value="關閉視窗">
05      <script src="tradition1.js">
06      </script>
07    </body>
08  </html>
```

🔄 說明

1. 第 5 行：載入 JavaScript 程式碼 "tradition1.js"。

簡例　傳統模式 JavaScript 程式碼一。(tradition1.js)

```
01  var obj = document.getElementById('btn1');
02  obj.onclick = winclose;
03  function winclose() {
04    window.close();
05  }
```

↻ 說明

1. 第 1 行：以 Id 名稱取得事件對象。

2. 第 2 行：指定事件函式 winclose 為 onclick 的屬性值，注意：事件函式的名稱後面不能加上小括弧。

3. 第 3~5 行：事件函式 winclose()。

簡例　傳統模式 HTML 程式碼二。(tradition2.html)

```
01  <!DOCTYPE html>
02  <html>
03    <body>
04      <input type="button" id="btn1" value="關閉視窗">
05      <script src="tradition2.js">
06      </script>
07    </body>
08  </html>
```

↻ 說明

1. 第 5 行：載入 JavaScript 程式碼 "tradition2.js"。

簡例　傳統模式 JavaScript 程式碼二。(tradition2.js)

```
01  var obj = document.getElementById('btn1');
02  obj.onclick = function() {
03    window.close();
04  }
```

9-5

說明

1. 第 2~4 行：以匿名函式的寫法撰寫事件函式。

2. 第 2 行：使用匿名函式可省略逐一為函式命名的困擾，也可避免函式同名的衝突。

9.2.3 標準事件模型

在制定 DOM 第 2 級標準時，W3C 為事件模型制定出規範，此版的事件模型稱為標準事件模型。也有人叫它「DOM Level 2 事件模型」，而把基本事件模型稱為「DOM Level 0 事件模型」。標準事件模型統整各家瀏覽器的事件模型，其作法改採事件監聽的方式，所以亦有人稱呼事件函式為「監聽程式」。標準事件模型使用 addEventListener()方法來註冊物件的事件處理函式。語法如下：

語法

element . addEventListener (event , function [, useCapture])

說明

1. element：事件對象。

2. event：事件類型。

3. function：事件函式。

4. useCapture：選擇性引數，預設值為 false，表示事件傳播方式是採用氣泡式，關於事件傳播方式，在後面的章節會有說明。

簡例 標準事件模型簡例。(event1.html)

```
01  <!DOCTYPE html>
02  <html>
03    <body>
04      <input type="button" id="btn1" value="關閉視窗">
05      <script src="event1.js">
```

```
06        </script>
07      </body>
08    </html>
```

⟲ 説明

1. 第 5 行：載入 JavaScript 程式碼 "event1.js"。

簡例　標準事件模式 JavaScript 程式碼。(event1.js)

```
01  var obj = document.getElementById('btn1');
02  obj.addEventListener('click', winclose);
03  function winclose() {
04    window.close();
05  }
```

⟲ 説明

1. 第 1 行：以 Id 名稱取得事件對象。

2. 第 2 行：監聽事件對象的 click，並且指定事件函式為 winclose。
   注意：事件函式的名稱後面不能加上小括弧。

3. 第 3~5 行：事件處理函式 winclose()。

　　基本事件模型只能定義一個事件函式，假設對物件的事件屬性註冊另一事件函式，則原先的事件函式與物件會失去連繫。標準事件模型改善了這項缺點，標準事件模型允許一個物件，註冊多個事件處理函式。

簡例　標準事件模型註冊兩個事件處理函式簡例。(event2.html)

```
01  <!DOCTYPE html>
02  <html>
03    <body>
04      <input type="button" id="btn1" value="關閉視窗">
05      <script src="event2.js">
06      </script>
07    </body>
08  </html>
```

說明

1. 第 5 行：載入 JavaScript 程式碼 " event2.js"。

簡例 JavaScript 程式碼。(event2.js)

```
01  var obj = document.getElementById('btn1');
02  obj.addEventListener('click', function(){window.alert('視窗即將關閉');});
03  obj.addEventListener('click', winclose);
04  function winclose() {
05    window.close();
06  };
```

說明

1. 第 1 行：以 Id 名稱取得事件對象。

2. 第 2 行：以匿名函式註冊 click 事件。

3. 第 3 行：追加註冊第二個 click 事件，事件函式為 winclose。

4. 當事件觸發時會先執行第 2 行的事件函式，跳出 alert 對話框；再執行第 3 行的事件函式，關閉視窗。

5. 第 4~6 行：事件處理函式 winclose()。

9.2.4 移除事件函式

基本事件模型要移除事件函式，只要將該物件的事件屬性設定為 null 即可。

簡例 移除事件函式簡例。(null.html)

```
01  <!DOCTYPE html>
02  <html>
03    <body>
04      <input type="button" id="btn1" value="Click Me">
05      <script>
06        var obj = document.getElementById('btn1');
07        obj.onclick = function () {
```

08	window.alert('按鈕即將失效!');
09	obj.onclick = null;
10	};
11	</script>
12	</body>
13	</html>

説明

1. 第 5~11 行：註冊事件函式。

2. 第 9 行：移除按鈕的事件屬性。程式執行時，第一次點按按鈕時，會先顯示 alert 對話框，再清除事件函式。第二次再點按按鈕時，因為按鈕物件的 click 事件已無定義事件函式，所以不會顯示 alert 對話框。

　　標準事件模型若要移除事件函式，可使用 removeEventListener()方法來移除物件的事件處理函式。語法如下：

> **語法**　element . removeEventListener (event , function [, useCapture])

説明

1. element：事件對象。

2. event：事件類型。

3. function：事件函式，註冊時的事件函式名稱，而且必須是具名函式，匿名函式是無法移除的。

4. useCapture：選擇性引數，預設值為 false。

簡例　移除事件簡例。(remove.html)

01	<!DOCTYPE html>
02	<html>
03	<body>
04	<input type="button" id="btn1" value="Click Me">
05	<script>
06	var obj = document.getElementById('btn1');

```
07          obj.addEventListener('click', event1);
08          obj.addEventListener('click', event2);
09          function event1() {
10            window.alert('事件二即將移除？');
11          };
12          function event2() {
13            window.alert('事件二確實移除！');
14            document.getElementById('btn1').removeEventListener
                    ('click', event2);
15          };
16      </script>
17    </body>
18  </html>
```

🔄 説明

1. 第 7、8 行：btn1 物件的 click 事件註冊了 event1 及 event2 事件函式。

2. 第 14 行：移除 btn1 的事件函式 event2。

3. 程式執行時，第一次點按按鈕時，會先執行事件一，再執行事件二。第二次再點按按鈕時，因為事件二已被移除，所以只會顯示事件一的 alert 對話框。

9.3　事件流與事件傳播

所謂**事件流** (event flow) 就是當事件觸發時，網頁元素會依照特定的順序回應該事件，這樣的過程就是事件流。JavaScript 事件被觸發時是由上向下或由下向上，依循 DOM 的樹狀結構進行傳播。因為會向上或向下傳播，所以會有多個元素回應同一事件。

事件流的傳遞是由當時的瀏覽器兩大陣營 IE 與 Netscape 各自研發的，而且是分別朝向相反方向傳播。W3C 在制定 DOM 2.0 標準時同時納入這兩種事件流，並為這兩種事件流制定了標準，分別命名為事件捕捉及事件氣泡傳播。

9.3.1 事件氣泡傳播

在註冊事件函式時會使用 addEventListener()方法 (請參考 9.2.3 節)，其第 3 個引數 useCapture 是個布林值，若設為 false 或省略不設定 (預設值為 false)，表示事件函式註冊為氣泡式傳播。事件函式被呼叫之後，會在 DOM 樹狀結構中向上浮。事件對象的父元素的事件函式會被呼叫，然後再呼叫祖父元素的事件函式，以此類推持續上浮到 Document，最後上浮到 Window 物件。這樣的事件傳播方式可以省去在個別元素上註冊事件函式，只要在共同的上層元素註冊一個事件函式，再將觸發事件要處理的程式敘述撰寫在事件函式中即可。

簡例　氣泡式事件流簡例。(bubbling.html)

```
01 <!DOCTYPE html>
02 <html>
03   <body id="b1">
04     <form id="f1">
05       <input type="text" name="txt" id="txt1" value=""><br><br>
06       <input type="button" name="btn" id="btn1" value="確認"><br>
07     </form>
08     <script>
09       var e1 = document.getElementById('b1');
10       e1.addEventListener('click', function() {
                 window.alert('<body> 的事件函式'); }, false);
11       var e2 = document.getElementById('f1');
12       e2.addEventListener('click', function() {
                 window.alert('<form> 的事件函式'); }, false);
13       var e3 = document.getElementById('txt1');
14       e3.addEventListener('click', function() {
                 window.alert('<text> 的事件函式'); }, false);
15       var e4 = document.getElementById('btn1');
16       e4.addEventListener('click', function() {
                 window.alert('<button> 的事件函式'); }, false);
17     </script>
18   </body>
19 </html>
```

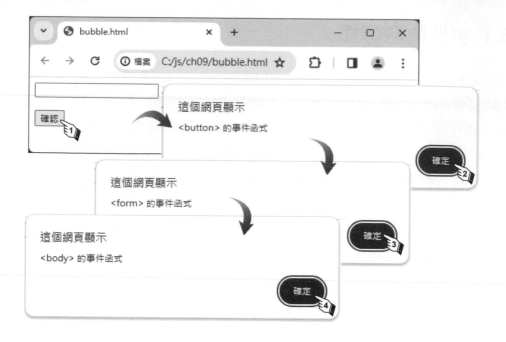

説明

1. HTML 表單的 DOM 架構如下圖所示。

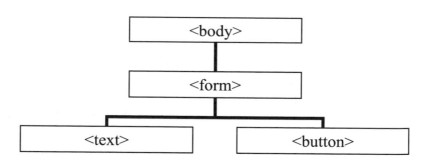

2. 第 8~17 行：設定網頁元素的事件函式。

3. 執行時可觀察事件傳播的順序，例如：
   點按按鈕時的事件順序是 <button> ➔ <form> ➔ <body>。

大部分的事件會進行上述的上浮過程，但有些事件是例外的，如 focus、blur 和 scroll 等事件。另外文件元素上的 load 事件，只會上浮到

Document 物件就停止。Window 物件的 load 事件，它會在文件與其所有的外部資源 (圖像) 都被完整載入並顯示後被觸發。

9.3.2 事件捕捉

如果引數 useCapture 被設為 true，表示事件函式是採用事件捕捉式。事件捕捉的過程則是和氣泡法相反，Window 物件的事件函式會優先呼叫，其後是 Document 物件的事件函式，再來是 body 物件，以此類推，按照 DOM 樹狀結構向下傳，一直到事件對象上的事件函式被呼叫為止。

事件捕捉由上而下的流程，提供了過濾事件的機會，讓事件傳到它們的觸發對象之前，先行查看一下該事件，若因故要取消事件，可使得事件對象的事件處理器不會被呼叫。

簡例 事件捕捉式事件流簡例。(capture.html)

```
01  <!DOCTYPE html>
02  <html>
03    <body id="b1">
04      <form id="f1">
05        <input type="text" name="txt" id="txt1" value=""><br><br>
06        <input type="button" name="btn" id="btn1" value="確認"><br>
07      </form>
08      <script>
09        var e1 = document.getElementById('b1');
10        e1.addEventListener('click', function() {
                  window.alert('<body> 的事件函式'); }, true);
11        var e2 = document.getElementById('f1');
12        e2.addEventListener('click', function() {
                  window.alert('<form> 的事件函式'); }, true);
13        var e3 = document.getElementById('txt1');
14        e3.addEventListener('click', function() {
                  window.alert('<text> 的事件函式'); }, true);
15        var e4 = document.getElementById('btn1');
16        e4.addEventListener('click', function() {
                  window.alert('<button> 的事件函式'); }, true);
```

```
17      </script>
18    </body>
19 </html>
```

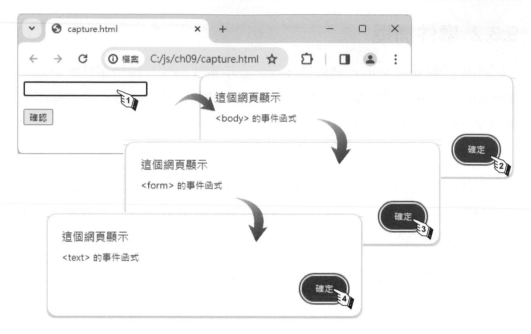

◯ 說明

1. 這個範例和前面的氣泡式事件流範例幾乎相同，唯一的差異在於註冊事件函式的方法引數 useCapture 設為 true。

2. 執行時可觀察事件傳播的順序，例如：
   點按文字輸入欄位時的事件順序是　<body> ➜ <form> ➜ <text>。

事件處理(二)

10.1 Event 物件

當事件觸發時就會產生一個 Event 物件，這個物件記錄著事件觸發時的相關資訊。

10.1.1 Event 物件的屬性

不同的事件類別，Event 物件的屬性也會有所差異。以下是常用的 Event 物件屬性：

屬性	說明
target	最初觸發事件的 DOM 物件。
type	事件的事件類型。
currentTarget	指向事件傳播過程中，現正在處理的 DOM 物件。
bubbles	事件是否會向上氣泡傳遞，true 表示是，false 表示否。
defaultPrevented	事件的預設行為是否被取消，也就是事件物件是否曾經執行過 preventDefault() 方法。
cancelable	事件是否能夠被取消，true 表示是，false 表示否。

除了以上所列的屬性，還有滑鼠指標的相對、絕對位置。滑鼠、鍵盤的按鍵狀態等其他資訊。

簡例 Event 物件屬性簡例。(event.html)

```
01  <!DOCTYPE html>
02  <html>
03    <body id="b1">
04      <form id="f1">
05        <input type="text" name="txt" id="txt1" value=""><br><br>
06        <input type="button" name="btn" id="btn1" value="確認"><br>
07      </form>
08      <script>
09        function func(e) {
10          window.alert(' currentTarget.tagName=' +
                            e.currentTarget.tagName +
                            '\n target.tagName=' + e.target.tagName);
11        }
12        var e1 = document.getElementById('b1');
13        e1.addEventListener('click', func, false);
14        var e2 = document.getElementById('f1');
15        e2.addEventListener('click', func, false);
16        var e3 = document.getElementById('txt1');
17        e3.addEventListener('click', func, false);
18        var e4 = document.getElementById('btn1');
19        e4.addEventListener('click', func, false);
20      </script>
21    </body>
22  </html>
```

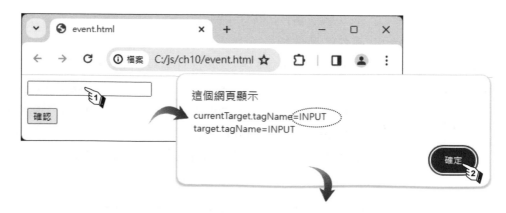

10-2

說明

1. 第 9~11 行：建立事件函式。若事件函式要以 Event 物件當作引數時，Event 物件一定要是第一個傳入的引數。

2. 第 10 行：tagName 會傳回屬性的標籤名稱，currentTarget 是目前正在處理的 DOM 物件，合併起來此行敘述會顯示目前 DOM 物件的標籤名稱，以及顯示最初觸發事件的 DOM 物件的標籤名稱。

3. 第 12~13 行：註冊函式 func 為物件 body 的 click 事件之事件函式。

4. 程式執行時會循氣泡傳播順序，依序顯示目前 DOM 物件的標籤名稱及最初觸發 DOM 物件的標籤名稱。

10.1.2 Event 物件的方法

方法	說明
preventDefault()	如果事件能被取消，就取消事件（取消事件的預設行為）。但事件仍會繼續傳播。
stopPropagation()	停止當前事件的事件傳播。
stopImmediatePropagation()	除了停止當前事件的事件傳播，也阻止事件被傳入同一元素中註冊的其他事件函式。

　　有些事件會觸發瀏覽器執行預設行為，例如：<a> 標籤上發生 click 事件時，瀏覽器的預設行為就是啟用超連結，若有特殊原因要阻止瀏覽器執行預設行為，可使用 Event 物件的 preventDefault() 方法。

簡例 停止預設事件簡例。(preventDefault.html)

```
01  <!DOCTYPE html>
02  <html>
03    <body>
04      <a id="a1" href="http://hinet.net">HiNet</a>
05      <script>
06        var obj = document.getElementById('a1');
07        obj.addEventListener('click', event1);
08        function event1(e) {
09          e.preventDefault();
10          window.alert('停止預設事件');
11        };
12      </script>
13    </body>
14  </html>
```

說明

1. 第 8~11 行：事件函式，使用 Event 物件方法 preventDefault() 來阻止預設事件。

2. 第 6,7 行：事件函式註冊於 <a> 標籤的 click 事件上。

Event 介面的 stopPropagation() 方法和 stopImmediatePropagation() 方法，這兩個方法都會停止事件的傳遞。其差異點在於，當某一物件的其中一個事件函式提出停止事件傳播後，後續的事件函式是否會繼續執行。使用 stopPropagation() 方法，後續的事件函式會繼續執行；反之，若是使用 stopImmediatePropagation() 方法，則是立即停止所有事件執行。

簡例 停止事件傳播簡例。(stopEvent.html)

```
01  <!DOCTYPE html>
02  <html>
03    <body id="b1">
04      <form id="f1">
05        <input type="text" name="txt" id="txt1" value=""><br><br>
06        <input type="button" name="btn" id="btn1" value="確認"><br>
```

07	`</form>`
08	`<script>`
09	`function func1(e) {`

10	`window.alert(' currentTarget.tagName=' +`
	`e.currentTarget.tagName +`
	`'\n target.tagName=' + e.target.tagName);`

11	`if (window.confirm('是否停止事件傳播') == true)`
12	`e.stopPropagation();`
13	`}`
14	`function func2(e) {`

15	`window.alert(' currentTarget.tagName=' +`
	`e.currentTarget.tagName +`
	`'\n target.tagName=' + e.target.tagName);`

16	`if (window.confirm("是否停止事件傳播") == true)`
17	`e.stopImmediatePropagation();`
18	`}`
19	`function func3(e) {`

20	`window.alert(' currentTarget.tagName=' +`
	`e.currentTarget.tagName +`
	`'\n target.tagName=' + e.target.tagName);`

21	`}`
22	`var e1 = document.getElementById('b1');`
23	`e1.addEventListener('click', func3, false);`
24	`var e2 = document.getElementById('f1');`
25	`e2.addEventListener('click', func3, false);`
26	`var e3 = document.getElementById('txt1');`
27	`e3.addEventListener('click', func1, false);`
28	`e3.addEventListener('click', func3, false);`
29	`var e4 = document.getElementById('btn1');`
30	`e4.addEventListener('click', func2, false);`
31	`e4.addEventListener("click", func3, false);`
32	`</script>`
33	`</body>`
34	`</html>`

🔍 說明

1. 第 9~13 行：事件函式 func1()，使用 Event 物件的 stopPropagation()方法
   來停止事件傳播。

2. 第 14~18 行：事件函式 func2()，使用 stopImmediatePropagation() 方法來停止事件傳播。

3. 第 27,28 行：物件 txt1 註冊了事件函式 func1 及 func3，當 func1 將事件傳播停止後，func3 依然會執行。

4. 第 30,31 行：物件 btn1 註冊了事件函式 func2 及 func3，當 func2 將事件傳播停止時，會結束整個事件傳遞。

10.2 事件種類

10.2.1 瀏覽器事件

瀏覽器常見的事件，列表如下：

事件	說明
load	網頁瀏覽器下載完所有的網頁檔案時觸發。
unload / beforeunload	將要連結進入其他網頁或關閉瀏覽器頁籤、關閉瀏覽器視窗時觸發。
error	網頁資源下載錯誤時觸發。
resize	調整網頁瀏覽器的視窗大小時觸發。
scroll	網頁或網頁元素的捲軸被拉動時觸發。
DOMContentLoaded	網頁的 DOM 結構建立完成時觸發。

簡例 瀏覽器事件簡例。(uievent.html)

```
01 <!DOCTYPE html>
02 <html>
03   <body>
04     <form name="myForm">
05       <p>
06         <textarea name="txt" cols="30" rows="10"></textarea>
07       </p>
```

08	`    </form>`
09	`    <script>`
10	`      function check() {`
11	`        document.myForm.txt.value = ' Height = ' + window.outerHeight` `                              + '\n Width = ' + window.outerWidth;`
12	`      }`
13	`      window.addEventListener('DOMContentLoaded', check);`
14	`      window.addEventListener('resize', check);`
15	`    </script>`
16	`  </body>`
17	`</html>`

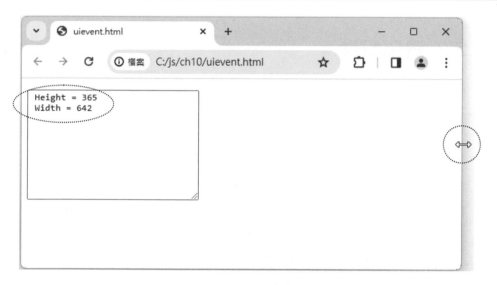

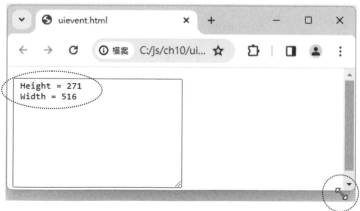

說明

1. 第 6 行：在瀏覽器上建立一個 textarea 物件，用來顯示瀏覽器的長寬。

2. 第 10~12 行：建立事件函式 check()，當事件被觸發時，會取得瀏覽器視窗的高度和寬度，並顯示在 textarea 物件。

3. 第 13 行：將事件函式 check() 註冊在 DOMContentLoaded 事件上，當網頁的 DOM 樹建立完成就會被觸發。

4. 第 14 行：將事件函式 check() 註冊在 resize 事件上，當瀏覽器的視窗大小改變時就會被觸發。

10.2.2 滑鼠事件

滑鼠常見的事件，列表如下：

事件	說明
click	滑鼠點擊某個物件時觸發。
dblclick	滑鼠連續點擊兩下某個物件時觸發。
mousedown / mouseup	滑鼠點擊某個物件按下按鈕 (mousedown) 及放開 (mouseup) 按鈕時觸發。
mouseover / ouseenter	滑鼠指標移入某物件時觸發。
mousemove	滑鼠指標在物件上面移動時觸發。
mouseleave	滑鼠指標移出某物件時觸發。

簡例 滑鼠事件簡例。(mouseevent.html)

```
01 <!DOCTYPE html>
02 <html>
03   <body>
04     <form name="myForm">
05       <input name="txt" type="text" value="">
06     </form>
07     <table>
08       <tr>
```

```
09          <td><img id="b1" src="images/1-3.png" title="1"></td>
10          <td><img id="b2" src="images/2-3.png" title="2"></td>
11          <td><img id="b3" src="images/3-3.png" title="3"></td>
12          <td><img id="b4" src="images/4-3.png" title="4"></td>
13          <td><img id="b5" src="images/5-3.png" title="5"></td>
14        </tr>
15        <tr>
16          <td><img id="b6" src="images/6-3.png" title="6"></td>
17          <td><img id="b7" src="images/7-3.png" title="7"></td>
18          <td><img id="b8" src="images/8-3.png" title="8"></td>
19          <td><img id="b9" src="images/9-3.png" title="9"></td>
20          <td><img id="b0" src="images/0-3.png" title="0"></td>
21        </tr>
22      </table>
23      <script>
24      function func1(e) {
25          document.myForm.txt.value += e.target.title;
26      }
27      function func2(e) {
28          document.getElementById(e.target.id).src =
                                'images/' + e.target.title + '-1.png';
29      }
30      function func3(e) {
31          document.getElementById(e.target.id).src =
                                'images/' + e.target.title + '-3.png';
32      }
33      var imgs = document.getElementsByTagName('img');
34      for(let i = 0; i < imgs.length; i ++) {
35        imgs[i].addEventListener('click', func1);
36        imgs[i].addEventListener('mouseover', func2);
37        imgs[i].addEventListener('mouseleave', func3);
38      }
39      </script>
40    </body>
41 </html>
```

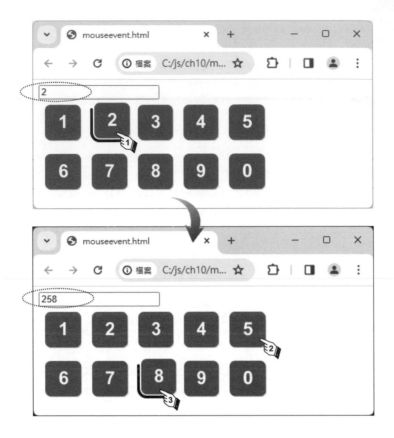

📖 說明

1. 第 5 行：在瀏覽器上建立一個 text 物件，用來顯示輸入值。

2. 第 7~22 行：以 table、tr 和 td 等標籤將 img 排列成 5×2 的形式。img 的屬性 title 是圖片標題，當滑鼠指標停在圖片上就會自動顯示此標題；在此處還可用來代表圖片所對應的數字。

3. 第 24~26 行：函式 func1() 是 click 事件的事件函式；該函式將所點選的數字，加到 text 物件的 value 尾端。

4. 第 27~29 行：函式 func2() 是 mouseover 事件的事件函式；該函式在滑鼠指標移入時，更換 img 物件的圖檔。

5. 第 30~32 行：函式 func3() 是 mouseleave 事件的事件函式；該函式在滑鼠指標移出時，換回原先 img 物件的圖檔。

6. 第 33 行：以 document.getElementsByTagName()方法，取得標籤為「img」的所有物件，該方法會回傳物件清單給 imgs。

7. 第 34~38 行：使用迴圈讀取物件清單 imgs，依序為 img 物件的 click、mouseover 和 mouseleave 事件，註冊相對應的事件函式。

10.2.3 鍵盤事件

鍵盤常見的事件，列表如下：

事件	說明
keydown	按下鍵盤按鍵時觸發。
keypress	按下可輸出文字符號的按鍵時觸發。
keyup	放開鍵盤按鍵時觸發。

10.2.4 表單事件

表單的事件，列表如下：

事件	說明
input	內容改變時觸發。
select	選取文字時觸發。
change	內容改變且焦點即將離開輸入框時觸發。
submit	<form>表單即將被送出時觸發。
reset	<form>表單被重置時觸發。
focus	物件取得焦點時觸發。
blur	物件失去焦點時觸發。

簡例 表單簡例。(form.html)

```
01 <!DOCTYPE html>
02 <html>
03   <body>
```

```
04    請輸入您的連絡資料:
05    <form id="myForm"><br>
06      行動電話:
07    <input type="text" id="txt" name="phone" value="09xx-xxx-xxx">
08      <br><br><input type="submit">
09    </form>
10    <script>
11    document.getElementById('myForm').addEventListener('submit',
12      function (e) {
13        if (checkPhone() == true) {
14          window.alert('進行提交!');
15        }
16        else {
17          e.preventDefault()
18          window.alert('取消提交!');
19        }
20      }, false);
21    function checkPhone() {
22      var phone = document.getElementById('txt').value;
23      var ch;
24      if (phone.length != 12) {
25        window.alert('<' + phone + '>:長度錯誤!');
26        return false;
27      }
28      for (i = 0; i < 12; i++) {
29        ch = phone.charAt(i);
30        if ((i == 4) || (i == 8)) {
31          if (ch != "-") {
32            window.alert('<' + phone + '>:格式錯誤!');
33            return false;
34          }
35        } else {
36          if (isNaN(parseInt(ch))) {
37            window.alert('<' + phone + '>:輸入錯誤!');
38            return false;
39          }
40        }
41      }
```

```
42          return true;
43        }
44      </script>
45    </body>
46  </html>
```

⟳ 説明

1. 第 5~9 行：建立一個表單，內含文字輸入框 phone 及提交按鈕兩個物件。

2. 第 11~20 行：以匿名函式註冊表單的 submit 事件函式，函式的引數是 event 物件。事件函式會呼叫 checkPhone() 函式進行電話號碼格式檢查，該函式會回傳一個布林值，如果回傳值是 true，則傳送表單資料；反之，如果回傳值是 false，則停止表單資料傳送。

3. 第 21~43 行：checkPhone() 檢查資料格式是否正確的函式。

4. 第 24~27 行：檢查資料長度是否正常。

5. 第 28~41 行：檢查連接號位置是否正確以及檢查輸入的字元是否為數字。檢查字元是否為數字的方式如下，先用 parseInt() 將字元轉換成整數，parseInt() 的回傳值再交由 isNaN() 來判斷是否是數值。

6. 第 42 行：如果格式正確就回傳 true。

瀏覽器物件模型

11.1 認識瀏覽器物件模型

　　瀏覽器物件模型 (Browser Object Model，簡稱 BOM) 是瀏覽器所有功能的核心，與網頁的內容沒有關係。JavaScript 可以透過 BOM 對瀏覽器進行各種操作，例如開啟及關閉視窗、改變視窗大小…等，所以 BOM 是 JavaScript 和瀏覽器之間溝通的橋樑。

　　早期各瀏覽器廠商各自開發自家瀏覽器的實作功能，沒有統一標準非常混亂。後來 W3C 協會把各家瀏覽器的實作功能，整合納入 HTML5 標準中，這就是現在的 BOM 實作。BOM 的核心是 Window 物件，Window 物件又提供 Document、History、Location、Navigator 和 Screen 等子物件。

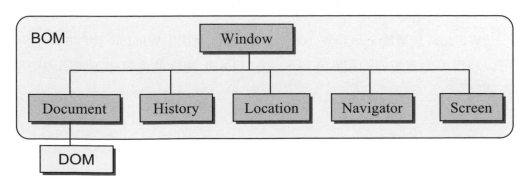

在 JavaScript 語言中沒有提供操作網頁的方法，前端開發者必須透過瀏覽器提供的方法來操作瀏覽器視窗和網頁。瀏覽器中的 JavaScript 包含 ECMAScript (JavaScript 語法和物件)、BOM (瀏覽器物件模型)、DOM (文件物件模型) 三個部分。網頁前端開發者可以透過 JavaScript，呼叫 BOM 和 DOM 所提供的方法，來操控瀏覽器視窗以及網頁內容。BOM 是 JavaScript 與瀏覽器間溝通的窗口，與網頁內容無關。透過 JavaScript 可以呼叫 DOM 來操作網頁的節點與內容。

簡例

```
window.alert('歡迎');              // 使用 BOM 的 window.alert()方法在瀏覽器顯示訊息
window.document.write('歡迎');     // 使用 DOM 的 document.write()方法在網頁顯示文字
```

11.2 Window 物件

BOM 是瀏覽器所提供的物件集合，使用 JavaScript 呼叫 BOM 的物件，可以直接取得瀏覽器的資訊，甚至進一步操作瀏覽器。在瀏覽器中 Window 物件有兩種功能，其一是 ECMAScript 中的「全域物件」；另一是 JavaScript 與瀏覽器溝通的窗口。BOM 的核心是 Window 物件，Window 是根物件其下主要有 Document、History、Location、Navigator、Screen 等子物件。

11.2.1 Window 物件常用屬性

Window 是屬於全域物件 (Global Object)，使用 Window 物件的屬性，可以取得瀏覽器視窗的相關資料，例如 closed 屬性值會記錄瀏覽器視窗是否關閉。

屬性	說明
screen	取得 Screen 物件參考。
navigator	取得 Navigator 物件參考。
location	取得 Location 物件參考。
history	取得 History 物件參考。
document	取得 Document 物件參考。
name	讀取或設定瀏覽器視窗的名稱。
closed	讀取瀏覽器視窗是否關閉，true 表關閉。
fullScreen	讀取瀏覽器視窗是否最大化，true 表最大化。
self	取得瀏覽器視窗本身。
parent	取得瀏覽器視窗的父視窗。
top	取得瀏覽器視窗的最頂層祖先視窗。
status	讀取或設定瀏覽器狀態列的文字內容。
outerHeight	讀取瀏覽器視窗的高度 (像素)。
outerWidth	讀取瀏覽器視窗的寬度 (像素)。
innerHeight	讀取瀏覽器視窗內部的高度(像素)，不包含邊框和工具列。
innerWidth	讀取瀏覽器視窗內部的寬度(像素)，不包含邊框和工具列。
screenX	讀取瀏覽器視窗左上角在螢幕的 X 座標。
screenY	讀取瀏覽器視窗左上角在螢幕的 Y 座標。
devicePixelRatio	讀取螢幕的真實像素與 CSS 像素比，換言之就是使用幾個螢幕像素來繪製一個 CSS 像素。屬性值為倍精確度浮點數，若為 1 表螢幕像素與 CSS 像素相同。在手機上常見屬性值為 3，表用 3 個螢幕像素來繪製一個 CSS 像素。

簡例

```
var width = window.innerWidth;      // 取得瀏覽器視窗內部的寬度，也可以用下列方式
// var width = document.documentElement.clientWidth;
// var width = document.body.clientWidth;
var height = window.innerHeight;    // 取得瀏覽器視窗內部的高度
```

11.2.2 Window 物件常用方法

使用 Window 物件的方法，可以操作瀏覽器視窗，例如 window.print(); 可以列印網頁，因為 window 為根物件所以可以省略，簡寫為 print();。

方法	說明
alert()	**alert(msg);** 會顯示 msg 文字和含「確定」鈕的對話方塊，通常是提供警告的提示訊息。
confirm()	**var result = confirm(msg);** 會顯示 msg 文字和含「確定」、「取消」鈕的對話方塊，供使用者確認訊息。result 傳回值若為 true 表使用者按「確定」鈕；若為 false 表按「取消」鈕。
prompt()	**var str = prompt(msg[, default]);** 會顯示 msg 提示文字，和含文字方塊 (default 為預設文字)、「確定」和「取消」鈕的對話方塊，通常是供使用者輸入資料。
open()	**open(url, name, [features], [replace]));** 會開啟 url 指定的網頁、名稱為 name、外觀為 features 的瀏覽器視窗，replace 可以設定是否替換瀏覽歷史紀錄。
close()	關閉目前瀏覽器視窗。
focus()	指定目前瀏覽器視窗取得焦點，成為目前作用中視窗。
blur()	移除目前瀏覽器視窗焦點。
print()	顯示列印對話方塊，供使用者列印目前瀏覽器視窗內容。
moveTo()	**moveTo(x, y);** 會移動目前瀏覽器視窗的左上角，到指定的 (x, y) 座標位置。
resizeTo()	**resizeTo(w, h);** 會調整目前瀏覽器視窗為指定 (w, h) 大小。
scrollTo()	**scrollTo(x, y);** 會調整目前瀏覽器視窗的左上角，顯示網頁內容的 (x, y) 座標位置。
setTimeOut()	**setTimeOut(運算式 | 函式, msec);** 會開啟計時器，當到指定 msec (毫秒) 時間時，就執行指定的運算式或函式一次。
clearTimeOut()	取消由 setTimeOut() 方法所開啟的計時器。
setInterval()	**setInterval(運算式 | 函式, msec);** 會開啟計時器，當到指定 msec (毫秒) 時間時，就會持續執行指定的運算式或函式。
clearInterval()	取消由 setInterval() 方法所開啟的計時器。

> **Tips** 使用 JavaScript 建立動態 HTML 文件時，若希望使用者按一下按鈕，會以快顯 (popup) 視窗顯示相關資訊。此時可以使用 window 物件的 alert()、confirm() 和 prompt() 方法，來建立對話方塊視窗。

簡例 顯示確認對話方塊，供使用者確認是否要關閉視窗。(message.html)

```
if (window.confirm('您確定要關閉視窗嗎？')) {  //使用 confirm()方法顯示確認對話方塊
  window.close();                 //  若傳回值為 true 就用 close()方法關閉視窗
}
```

簡例 顯示輸入對話方塊供輸入姓名，再用對話方塊顯示問候文字。(message.html)

```
01 var name = prompt('請輸入姓名：','Jack');
                          //使用 prompt()方法供輸入姓名，預設為 Jack
02 if (name != '' && name != null){   //  若不是空字串，或是按 取消 鈕
03   window.alert(name + ' 您好！');   //  使用 alert()方法顯示問候文字
04 }
```

簡例 五秒後顯示時間到訊息。(setTimer.html)

```
var t = setTimeout(function(){ alert('已過了 5 秒！');
  clearTimeout(t);
}, 5000);              //  5 秒後執行函式
```

簡例 倒數計時 10 秒。(setTimer.html)

```
01 <p id="sec"></p>
   ...
02 i = 0;
03 // 宣告 timer 為每 1 秒執行 showSec()一次的計時器
04 var timer = setInterval(showSec, 1000);
05 function showSec() {
06   i++;
07   if(i == 10) clearInterval(timer);      //  關閉 timer 計時器
08     document.getElementById('sec').innerHTML = i;
09 }
```

簡例 開啟 google 網站。(open.html)

```
window.open('https://www.google.com');     //使用 open()方法開啟指定網站
```

開啟指定視窗大小和位置的空白網頁視窗，並顯示視窗的名稱、高度
和寬度等資訊，最後開啟列印對話方塊。(open.html)

```
01  var features = 'height=300,width=400';        // 設定視窗的高度和寬度樣式
02  var my = open('','MyWindow', features);
                                    // 開啟空白網頁並設定名稱和樣式，指定給 my
03  my.moveTo(100, 50);        // 使用 moveTo() 方法，移動到螢幕座標 (100, 50)
04  my.focus();               // my 視窗取得焦點
05  my.document.write('視窗名稱 = ' + my.name + '<br>');      // 顯示視窗名稱
06  my.document.write('innerHeight = ' + innerHeight);       // 顯示瀏覽器內部高度
07  my.document.write('innerWidth = ' + innerWidth);         // 顯示瀏覽器內部寬度
08  my.document.write('outerHeight = ' + outerHeight);       // 顯示瀏覽器外部高度
09  my.document.write('outerWidth = ' + outerWidth);         // 顯示瀏覽器外部寬度
10  my.print();               // 使用 print() 方法開啟列印對話方塊，供列印 my 視窗
```

Tips open() 方法中的 features 參數可以設定瀏覽器視窗的外觀，其中可以
使用下列屬性：width、height (視窗的寬度、高度，單位為 px)、left、
top (距離螢幕左緣、上緣的距離，單位為 px)、menubar、location、
scrollbars、status、toolbar、titlebar (設定是否顯示主選單、網址列、
捲軸、狀態列、工具列、標題列)、resizable (設定是否可以改變視窗
的大小)、fullscreen (設定是否為全螢幕模式)。想要顯示的屬性就設定
為 yes 或 1；否則設定為 no 或 0，不同的屬性間用逗點「,」分隔。

 指定視窗開啟的位置　(openTarget.html)

```
01  open("https://www.google.com",'_blank');    // 開啟在新視窗
02  open("https://www.google.com",'_self');     // 開啟在目前視窗
03  open("https://www.google.com",'_parent');   // 開啟在父視窗
04  open("https://www.google.com",'_top');      // 開啟在祖先視窗
```
若視窗沒有框架時，三者執行結果相同

Tips open() 方法中的 name 參數除可以設定瀏覽器視窗的名稱外，也可設
定為 target 屬性值，來指定開啟視窗的位置。target 屬性值如下：
_blank (開啟在新的視窗，預設值)、_self (開啟在目前視窗)、_parent
(開啟在目前視窗的父視窗)、_top (開啟在目前視窗的祖先視窗)。

11.3 Screen 物件

透過 Screen 物件可以讀取使用者螢幕的相關資訊，利用這些螢幕資訊就能調整網頁的佈局，讓使用者有最佳的視覺和操作的介面。例如可以動態根據螢幕的大小選擇相應大小的圖片，或是將瀏覽器視窗定位在螢幕正中間。Screen 物件主要提供一些唯讀屬性，來取得螢幕的各種數據，要使用 Screen 物件可以透過 window 物件的 screen 屬性。

屬性	說明
width	讀取使用者螢幕的寬度，單位是 px (像素)。
heigth	讀取使用者螢幕的高度，單位是 px (像素)。
availWidth	讀取使用者螢幕的可用寬度 (例如扣除作業系統的工作列)，單位是 px (像素)。
availHeigth	讀取使用者螢幕的可用高度 (例如扣除作業系統的工作列)，單位是 px (像素)。
colorDepth	讀取使用者螢幕的色彩深度，單位為位元 / 像素，屬性值為 1 (黑白)、8 (256 色)、16 (增強色)、24	32 (真彩色)。色彩深度是每一個像素所用顏色的位元數，色彩深度值越高，可用的顏色就越多。
pixelDepth	讀取使用者螢幕的像素深度，單位為位元 / 像素。根據 CSS 物件模型 (CSSOM)，pixelDepth 屬性值通常會等於 24。

簡例 設計會根據螢幕的色彩深度顯示不同解析度的圖檔。(colorDepth.html)

```
01  <img id="myImg" src="" alt="圖片">
    ...
02  var imgElement = document.getElementById('myImg');
03  if (screen.colorDepth <= 16) {
04      imageElement.src = 'my-image-low.jpg';
05  } else {
06      imageElement.src = 'my-image-high.jpg';
07  }
```

⬇ **範例：**

設計會根據螢幕的寬度設定網頁文字不同字型大小的程式，條件如下：

1. 網頁上顯示螢幕寬度和字型大小。

2. 如果螢幕寬度小於 600，字型大小設為 24px；如果螢幕寬度介於 600～1199，則字型大小設為 36px；其餘字型大小設為 48px。

執行結果

程式碼 FileName：screenWidth.html

```
01  <!DOCTYPE html>
02  <html>
03    <head>
04      <style>
05        body {
06          font-size: 36px;
07        }
08      </style>
09    </head>
10    <body>
11      <p id="p1"></p>
12      <p id="p2"></p>
13      <script>
14        function setFontSize() {
15          var screenWidth = screen.width;
```

16	`document.getElementById("p1").innerHTML='螢幕寬度= '+screenWidth;`
17	`var font_size = '48px';`
18	`if (screenWidth < 600) {`
19	`font_size = '24px';`
20	`} else if (screenWidth < 1200) {`
21	`font_size = '36px';`
22	`}`
23	`document.body.style.fontSize = font_size;`
24	`document.getElementById('p2').innerHTML='字型大小= '+font_size;`
25	`}`
26	`setFontSize(); // 在網頁開啟時執行一次函式`
27	`</script>`
28	`</body>`
29	`</html>`

↻ 説明

1. 第 4~8 行：在 `<head>` 元素中建立 CSS `<style>` 樣式元素，指定 `<body>` 元素內字型大小為 36px。

2. 第 11,12 行：建立兩個 `<p>` 段落元素，id 分別為 "p1"、"p2"。

3. 第 14~25 行：為 setFontSize() 函式，根據螢幕大小設定 p1、p2 段落元素的文字內容，並修改 `<style>` 樣式元素指定的字型大小。

4. 第 15 行：用 screen 的 width 屬性，取得使用者螢幕的寬度。

5. 第 17~23 行：用 if 結構根據螢幕寬度，分別設定字型大小。

11.4 Navigator 物件

透過 Navigator 物件可以讀取使用者所用瀏覽器和作業系統的相關資訊，這些資訊可以用來檢測瀏覽器及作業系統。Navigator 物件主要是提供一些唯讀屬性，來取得使用者所使用瀏覽器的各種數據，例如用 onLine 屬性可以得知上網的狀態，用 language 屬性則可以得知瀏覽器使用的主要語系。要使用 Navigator 物件可以透過 window 物件的 navigator 屬性。

屬性	說明
buildId	讀取瀏覽器的組建編號，格式為 "YYYYMMDDHHMMSS"。
cookieEnabled	讀取瀏覽器是否可以寫入 cookie，傳回值為布林值。
geolocation	讀取瀏覽器的地理位置資訊，傳回值為 Geolocation 物件。
javaEnabled	讀取瀏覽器是否可執行 Java 程式，傳回值為布林值。
language	讀取瀏覽器的主要語系，傳回值為字串。例如"zn-TW"、"zn"、"en"、"en-US"、"fr"…等。
languages	讀取瀏覽器的常用語系，傳回值為陣列。
onLine	讀取瀏覽器是否有連線，傳回值為布林值。
userAgent	讀取瀏覽器的 User Agent 資訊，傳回值為字串。User Agent (使用者代理) 是進行網路協定操作時，瀏覽器所提交表明身份的特定字串，其中包含裝置、作業系統、應用程式等的訊息。

簡例 檢查裝置連線狀態，若沒有連線就顯示提示訊息。(navigator.html)

```
if (!navigator.onLine) {
    alert('注意目前沒有連上網路！');
}
```

簡例 如果瀏覽器沒有開啟 Java 功能就顯示提示訊息。(navigator.html)

```
if (!navigator.javaEnabled) {
    alert('請開啟瀏覽器 Java 功能才能正確執行！');
}
```

簡例 根據瀏覽器的主要語系若為 'zh' 就設為中文網址；否則為英文網址。(navigator.html)

```
01  <a id="address">Yahoo 網站</a>
    ...
02  var lng = navigator.language;  // 讀取瀏覽器的主要語系
03  lng = lng.substr(0, 2);        // 取語系的前兩個字元
04  var url = 'https://ca.yahoo.com/';   // 預設為英文網址
05  if(lng == 'zh'){
```

06	url = 'https://tw.yahoo.com/';　　　 // 設為中文網址
07	}
08	document.getElementById('address').href = url;

簡例 顯示裝置所在的位置。(navigator.html)

01	navigator.geolocation.getCurrentPosition(getPosition, error);
02	function getPosition(position) {
03	let lat = position.coords.latitude;　　　　//經度
04	let lon = position.coords.longitude;　　　 //緯度
05	alert('位置在經度：' + lat + '，緯度：' + lon);
06	}
07	function error(error) {
08	alert('無法取得位置資訊！');
09	}

簡例 顯示瀏覽器的名稱。(navigator.html)

01	alert(getBrowser());
02	function getBrowser() {
03	var browsers = ['Firefox', 'Opera', 'Edg', 'Chrome', 'Safari'];
04	var userAg = navigator.userAgent;　　 // 讀取瀏覽器的 User Agent 資訊
05	for (let i = 0; i < browsers.length; i++) {
06	if(userAg.match(browsers[i])){
07	return browsers[i];
08	}
09	}
10	return '無法得知';
11	}

11.5　Location 物件

　　Location 物件包含目前網頁網址 (URL) 的相關資訊，使用 Location 物件可以存取瀏覽器網頁的網址。例如導向新的網址，或是更新網頁…等操作。要使用 Location 物件可以透過 window 物件的 location 屬性。

11.5.1 Location 物件常用屬性

屬性	說明
href	讀取或設定網址的完整資料。
host	讀取網址中主機名稱和通訊埠的部分資料。
hostname	讀取網址中主機名稱的部分資料。
port	讀取網址中通訊埠的部分資料。
pathname	讀取網址中路徑和檔案名稱的部分資料。
protocol	讀取網址中通訊協定的部分資料。
search	讀取網址中查詢的部分資料,即 ? 號和其後的字元。
hash	讀取網址中錨點的部分資料,即 # 號和其後的字元。

簡例 (location_1.html)

```
01 // 設 url1 為 https://www.google.com/?qJavascript#test
02 document.write(url1.href);      //'https://www.google.com/?qJavascript#test'
03 document.write(url1.host);         // 'www.google.com'
04 document.write(url1.search);       // '?qJavascript'
05 document.write(url1.hash);         // '#test'
06 document.write(url1.protocol);     // 'https: '
07 // 設 url2 為 http://www.test.com:8080/ch11/img/java.jpg
08 document.write(url2.host);         // 'www.test.com:8080'
09 document.write(url2.hostname);     // 'www.test.com'
10 document.write(url2.port);         // '8080'
11 document.write(url2.pathname);     // '/ch11/img/java.jpg'
```

11.5.2 Location 物件常用方法

方法	說明
assign()	**location.assign(url);** 會載入 url 參數指定的網頁。
reload()	**location.reload();** 會重新載入目前使用的網頁。
replace()	**location.replace(url);** 會載入 url 參數指定的網頁取代目前的網頁,並同時取代瀏覽的歷史紀錄。

簡例 (location_2.html)

```
location.href = "https://www.javascripttutorial.net/";    //指定目前網頁的網址
<p><a href="javascript:location.assign('https://www.w3schools.com/');">
載入網站</a></p>              //點按連結來載入指定的網頁
<p><a href="javascript:location.reload();">更新網站</a></p> //點按連結更新網頁
```

簡例 (location_2.html)

```
location.assign('https://www.w3schools.com/');    // 載入指定的網頁
setTimeout(() => location.reload(), 5000);        // 5 秒後自動重新載入網頁
```

簡例 (location_3.html)

```
setTimeout(() => {
  location.replace('https://developer.mozilla.org/zh-TW/docs/Web/JavaScript');
}, 5000);        // 5 秒後自動置換網址
```

11.6 History 物件

History 物件其中包含使用者瀏覽網頁的歷史紀錄,也就是儲存所有訪問過網頁的 URL。所以使用 History 物件可以進行網頁的「回上一頁」、「到下一頁」等操作,例如電商網站可以用來引導使用者購物的流程。

History 物件常用的 length 屬性,其屬性值為使用者瀏覽紀錄的筆數。使用 History 物件提供的方法,可以操作瀏覽紀錄顯示指定的網頁。要使用 History 物件可以透過 window 物件的 history 屬性。

屬性 / 方法	說明
length	讀取使用者瀏覽紀錄的筆數。
back()	**history.back();** 會顯示目前瀏覽紀錄的上一筆網頁,如果沒有上一筆網頁就沒有動作。
forward()	**history.forward();** 會顯示目前瀏覽紀錄的下一筆網頁,如果沒有下一筆網頁就沒有動作。

屬性 / 方法	說明
go()	**history.go(num);** 會顯示目前瀏覽紀錄的上或下第 num 筆網頁，若 num 大於 0 就往下移動至第 num 筆網頁；若 num 小於 0 就往上移動至第 num 筆網頁。go(1) 的功能等同 forward()，go(-1) 等同 back()。使用 go(0) 則可以更新目前的網頁。
pushState()	**history.pushState(state, title, URL);** 會在不移動網頁的情況下，增加一筆瀏覽紀錄。state 參數是一個物件，title 參數目前無功能可設為 null，URL 是增加的網址。state 參數是供 popstate 事件呼叫使用，不用時可設為 null。
replaceState()	**history.replaceState(state, title, URL);** 會將目前的瀏覽紀錄修改為指定網址。state 參數是一個物件，title 參數目前無功能可設為 null，URL 是新的網址。雖然只修改目前的瀏覽記錄，但是全域瀏覽器的瀏覽記錄仍然會增加一筆新記錄。

簡例

```
var nums = history.length;          // 取得瀏覽器瀏覽紀錄的筆數
```

簡例 設計三個按鈕功能分別為顯示瀏覽歷史紀錄數量、跳到下一頁以及跳到最後一頁。(history.html)

```
01  <input type="button" id='length' value='瀏覽歷史紀錄數量'>
02  <input type="button" id='forward' value='下一頁'>
03  <input type="button" id='last' value='到最後'>
04  <script>
05    document.getElementById('length').onclick = function () {
06      alert('目前瀏覽歷史紀錄數量 = ' + history.length);
07    }
08    document.getElementById('forward').onclick = () => {
09      history.forward();
10    }
11    document.getElementById('last').onclick = () =>
12      history.go(history.length-1);
13  </script>
```

說明

1. 開啟 history.html 後，請先瀏覽幾個網站增加幾筆瀏覽紀錄後，再進行測試。

2. 第 5~7 行：當 id 為 length 的按鈕被點按時，就執行匿名函式用對話方塊顯示 history 的 length 屬性值，即是瀏覽紀錄的數量。

3. 第 8~10 行：當 id 為 forward 的按鈕被點按時，就以箭頭函式執行 history 的 forward() 方法到下一頁。

4. 第 11~12 行：當 id 為 last 的按鈕被點按時，就以箭頭函式執行 history 的 go(history.length-1) 方法到最後一頁。

5. 本簡例中示範三種匿名函式的寫法讀者可以自行選用，但是以箭頭函式最為常用。

11.7　Document 物件

Document 物件是 Window 物件重要的子物件，其代表目前開啟的網頁。所以使用 Document 物件，可以對網頁內 HTML 文件的文字、段落、連結、圖片、表格、表單…等構成元素，進行各種操作。要使用 Document 物件可以透過 window 物件的 document 屬性，其重要的屬性和方法請參閱第 9、10 章的說明。

簡例 當網頁載入和調整大小時，自動調整圖片大小。(image.html)

```
01 <body onload="reSize()" onresize="reSize()">
02   <img id="myImg" src="my-image-high.jpg">
03   <script>
04   function reSize() {
05     var imgElm = document.getElementById('myImg');
06     imgElm.width = document.documentElement.clientWidth;
07     imgElm.height = document.documentElement.clientHeight;
08   }
```

```
09    </script>
10  </body>
```

🔍 説明

1. 第 1 行：設定當觸動 onload、onresize 事件時，執行 reSize() 函式。

2. 第 4~8 行：在 reSize() 函式中，根據視窗大小調整圖片大小。

3. 第 5 行：使用 document.getElementById() 方法，取得 myImg 的圖片元素並指定給 imgElm 變數。

4. 第 6,7 行：使用 document.documentElement.clientWidth｜clientHeight 屬性取得視窗內部的寬度和高度，然後設定 imgElm 圖片元素的尺寸。

簡例 在網頁的 <ul> 元素底下新增 <li> 元素。(create.html)

```
01  <ul id="list"></ul>
        ...
02  <script>
03    const list = document.getElementById('list');
04    var menu = ['滿意堡', '吉事堡', '勁辣雞腿堡', '龍蝦堡', '鱈魚堡'];
05    for (let i = 0; i < menu.length; i++) {
06      const li = document.createElement('li');
07      li.textContent = menu[i];
08      list.appendChild(li);
09    }
10  </script>
```

🔍 説明

1. 第 1 行：在網頁建立一個 id 為 list 的 <ul> 項目符號元素。

2. 第 5~9 行：使用 for 迴圈將 menu 陣列元素逐一加入項目符號元素中。

3. 第 6 行：使用 document.createElement('li') 方法建立 <li> 項目元素。

4. 第 7 行：將陣列元素值指定給新增 <li> 項目的 textContent 屬性。

5. 第 8 行：使用 appendChild() 方法，將 <li> 元素加入父節點 <ul> 元素中。

11.8　範例實作

範例：

設計一個使用對話方塊進行選擇題闖關遊戲的網頁。題目共有十題隨機出五題，答對可以繼續闖關，答錯就結束遊戲。

執行結果

程式碼　FileName : test.html

```
01 <!DOCTYPE html>
02 <html>
03   <body>
04     <p><h1>BOM 大闖關</h1></p>
05     <p id="pass"></p>
06     <script>
```

```
07      function rndTest(rTest, rAns, dTest, dAns, n) {
08          const max = rTest.length;
09          var rnd = new Array(n);
10          for(let x = 0; x < n; x++) {
11              var r =Math.floor(Math.random()*max);
12              if(!rnd.includes(r)){
13                  rnd[x]=r;
14              } else {
15                  x--;
16              }
17          }
18          for(let y = 0; y < n; y++) {
19              dTest[y]=rTest[rnd[y]];
20              dAns[y]=rAns[rnd[y]];
21          }
22      }
23      var sTest = ['顯示警告對話方塊應使用：1.alert() 2.confirm() 3.prompt()',
24          '顯示確認對話方塊應使用：1.alert() 2.confirm() 3.prompt()',
25          '顯示輸入對話方塊應使用：1.alert() 2.confirm() 3.prompt()',
26          '開啟網頁應使用：1.close() 2.open() 3.print()',
27          '關閉網頁應使用：1.close() 2.open() 3.print()',
28          '列印網頁應使用：1.close() 2.open() 3.print()',
29          '啟動週期計時器應使用：1.clearInterval() 2.clearTimeOut()
                3.setInterval() 4.setTimeOut()',
30          '啟動一次計時器應使用：1.clearInterval() 2.clearTimeOut()
                3.setInterval() 4.setTimeOut())',
31          '停止週期計時器應使用：1.clearInterval() 2.clearTimeOut()
                3.setInterval() 4.setTimeOut()',
32          '停止一次計時器應使用：1.clearInterval() 2.clearTimeOut()
                3.setInterval() 4.setTimeOut()',
33      ];
34      var sAns = ['1', '2', '3', '2', '1', '3', '3', '4', '1', '2'];
35      var test = new Array(5);
36      var ans = new Array(5);
37      rndTest(sTest, sAns, test, ans, 5);
38      var pass = 0;
39      for (let i=0; i < test.length; i++) {
40          var uAns = prompt(test[i]);
41          if (uAns != ans[i]) {
```

42	alert('正確答案為： ' + ans[i]);
43	break;
44	} else {
45	pass++;
46	}
47	}
48	document.getElementById('pass').innerHTML = '答對題數：' + pass;
49	</script>
50	</body>
51	</html>

꧁ 説明

1. 第 23~33 行：宣告題目陣列 sTest，並指定元素值。

2. 第 34 行：宣告答案陣列 sAns，並指定元素值。

3. 第 35,36 行：宣告 test 和 ans 空陣列，來存放隨機產生的題目和答案。

4. 第 37 行：呼叫 rndTest() 函式。

5. 第 7~22 行：在 rndTest() 函式中，設定指定題數的隨機題目和答案，因為參數為陣列所以為參考呼叫，陣列值會傳回原呼叫處。

6. 第 9,10~17 行：宣告 rnd 空陣列來存放不重複的亂數值。以 for 迴圈逐一存入亂數值，若題號重複就重新產生。

7. 第 18~21 行：用 for 迴圈將亂數值指定的題目和答案，逐一存入題目和答案的陣列中。

8. 第 38 行：宣告 pass 變數紀錄答對題數，預設值為 0。

9. 第 39~47 行：用 for 迴圈依序用 prompt() 出 5 道題，若答錯就用 alert() 顯示正確答案，並離開迴圈。如果答對時，pass 值就加 1。

10. 第 48 行：顯示答對題數。

⬇ 範例：

設計可以顯示目前時間的電子鐘網頁，當時間在 7 ~ 18 點之間，背景色為粉紅色、文字為藍色，其餘時段背景色為黑色、文字為黃綠色。

執行結果

11:48:51   21:57:42

程式碼   FileName : timer.html

```
01 <!DOCTYPE html>
02 <html>
03   <head>
04     <style>
05       div { width:240px;height:70px;
06             font-size:60px;text-align:center; }
07     </style>
08     <script>
09       function showTime() {
10         var today = new Date();
11         var hh = today.getHours();
12         var mm = String(today.getMinutes()).padStart(2, '0');
13         var ss = String(today.getSeconds()).padStart(2, '0');
14         document.getElementById('clock').innerHTML = hh+':'+mm+':'+ss;
15       }
16       function changeColor(){
17         var today = new Date();
18         var hh = today.getHours();
19         var c = document.getElementById('clock');
20         if(hh >= 7 && hh <= 18){
21           c.style = 'background-color:pink;color:blue;';
22         }else{
23           c.style = 'background-color:black;color:yellowgreen;';
24         }
25       }
26     </script>
27   </head>
28   <body>
29     <div id="clock"></div>
30     <script>
31       changeColor();
32       setInterval(showTime, 1000); // 啟動每 1 秒執行 showTime()一次的計時器
```

33	setInterval(changeColor,3600000);//啟動每小時執行 changeColor() 一次的計時器
34	</script>
35	</body>
36	</html>

↻ 説明

1. 第 29 行：在網頁建立 id 為 clock 的 <div> 區塊元素，來顯示電子鐘的背景和時間。

2. 第 4~7 行：宣告 CSS 的 <style> 樣式，指定 <div> 區塊元素樣式為寬 240、高 70 像素、字型大小 60 像素、置中對齊。

3. 第 31 行：呼叫 changeColor() 函式。

4. 第 16~25 行：在 changeColor() 函式中，使用 Date() 函式取得目前的時間，再利用 getHours() 函式取得目前的鐘點值。若目前的鐘點值介於 7 ~ 18，就設定背景色為粉紅色、文字為藍色 (第 21 行)；其餘時段則為背景色為黑色、文字為黃綠色 (第 23 行)。

5. 第 32 行：使用 setInterval(showTime, 1000); 敘述，啟動每 1 秒執行 showTime() 函式一次的計時器。

6. 第 9~15 行：在 showTime() 函式中，使用 getHours()、getMinutes()、getSeconds() 方法取得目前時間的時、分、秒值。其中分、秒值需要利用 padStart(2, '0') 方法，使得數值維持兩個字元，即為個位數時會補 0。最後將時間的字串，指定給 clock 區塊元素的 innerHTML 屬性，來顯示目前時間。

7. 第 33 行：使用 setInterval(changeColor, 3600000); 敘述，啟動每小時執行 changeColor() 函式一次的計時器。

⬇ 範例：radioHref.html

設計用選項按鈕選擇連結網址的網頁，執行時預設選取第一個項目，按下 前往 鈕時會開啟新視窗並連結到選擇的網址。

執行結果

○鐵路局 ◉Google ○雅虎奇摩
前往

程式碼　FileName : radioHref.html

```
01  <!DOCTYPE html>
02  <html>
03    <head>
04     <script>
05       function goto() {
06         var i = 0;      // i 變數記錄索引值
07         var frm = document.getElementById('frmUrl');
08         for(i=0; i< frm.url.length; i++) {
09           if(frm.url[i].checked == true) break;
10         }
11         win = open();
12         win.location.href = frm.url[i].value;
13       }
14     </script>
15    </head>
16    <body>
17     <form id="frmUrl">
18       <input type="radio" name="url" value="https://www.railway.gov.tw/"
              checked>鐵路局
19       <input type="radio" name="url" value="https://www.google.com.tw/">
              Google
20       <input type="radio" name="url" value="https://tw.yahoo.com/">
              雅虎奇摩
21       <br><input type="button" value="前往" onclick="goto()">
22     </form>
23    </body>
24  </html>
```

說明

1. 第 17~22 行：在網頁建立 id 為 frmUrl 的 <form> 表單元素，其中再建立三個 type 為 radio、name 為 url 的 <input> 選項按鈕元素，value 屬性值設定為要連結的網址。第一個選項按鈕元素設定 checked 屬性，即預設選取第一個選項，如此可以避免使用者沒有選取所造成的錯誤。

2. 第 21 行：當使用者按 <button> 按鈕元素時，會執行 goto() 函式。

3. 第 5~13 行：在 goto() 函式中，檢查選項按鈕元素的 checked 屬性值，來決定新視窗中要連結的網址。

4. 第 7 行：使用 getElementById('frmUrl') 方法由網頁取得表單元素，並指定給 frm 變數。

5. 第 8~10 行：frm 的 url 屬性就是表單中選項按鈕元素的陣列，利用 for 迴圈逐一檢查 checked 屬性是否為 true。如果為 true 表該選項被選取就跳離迴圈，此時變數 i 代表被選取選項按鈕元素的索引值。

6. 第 11 行：使用 open() 方法開啟新的視窗，並指定給 win 變數。

7. 第 12 行：設定 win.location.href 屬性值為 frm.url[i].value，使視窗開啟被選取選項按鈕所指定的網址。

儲存網頁資料

12.1 如何儲存網頁資料

在瀏覽網頁時網路伺服器 (Server，或稱服務端) 會向用戶端 (Client) 的瀏覽器傳送網頁，如果想要為使用者提供更好的服務，必須要記錄一些使用者資料。這些記錄是存在用戶端的瀏覽器中，而不是在伺服器。所以逛購物網站時將想購買的物品放進購物車中，如果把瀏覽器關閉再重新進入，會發現購物車裡的商品還會存在！但是如果更換台電腦或用其他瀏覽器再進入時，會發現購物車內空無一物。

JavaScript 透過 HTML 中的網頁儲存 (Web Storage) 物件，可以將網頁中的資料儲存在使用者的瀏覽器當中。在用戶端儲存網頁資料的常用物件有下列三種：

1. **document.cookie**：Cookie (網路餅乾) 是一個文字檔，容量通常限制在 4k 以下。因為容量少所以一般只會存放「代表使用者的 ID」，就像是識別證一樣。Cookie 的功用主要是在辨識身份，常運用於廣告追蹤、購物車、身份驗證…等。

2. **window.localStorage**：Local Storage (本機儲存) 是依網站分別儲存空間，能跨網頁儲存資料，存放在 Local Storage 的資料會長期保存，直到被使用者清除為止。因為關閉網頁資料不會消失，所以例如網頁表單填寫到一半關掉重新開啟，原先輸入的資訊如果仍然存在，這些資料就是儲存在 Local Storage 中。

3. **window.sessionStorage**：Session Storage (通信期儲存) 是依網頁所屬的網頁視窗分別儲存空間，不能跨網頁儲存資料，關閉網頁時資料就會被清空。儲存在 Session Storage 的資料，只要該網頁沒有被關閉或還原，資料就會被保存。

因為 Cookie 容量小，並且大量資料透過 Cookie 傳輸會影響效能。在 HTML5 之後提供 localStorage 和 sessionStorage 物件，有了更安全且容量更大的儲存方式，而且不會影響網頁的效能。在瀏覽網頁時，按 F12 鍵打開瀏覽器開發者工具中 Application 的 Storage，就可以看到所儲存的 Cookies、Local Storage 和 Session Storage 內容。

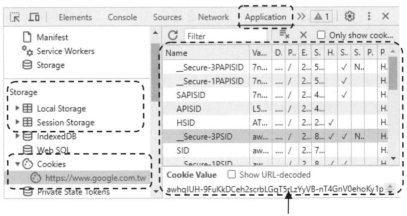

cookie 紀錄的內容

12.2　儲存 Cookie 資料

12.2.1　Cookie 簡介

Cookie 是儲存在使用者瀏覽器的文字資料，通常是由伺服器透過 Set-Cookie 標頭 (header) 傳遞給瀏覽器。瀏覽器收到 Cookie 後會儲存起來，之後向伺服器請求 (request) 時會回傳 Cookie 作為識別。Cookie 可以用於身份認證、購物車、遊戲分數、使用者設定、廣告、追蹤使用者喜好…等方面，用來提供更好的網站訪問體驗或網站的統計資料。例如當使用者訪問網頁時，使用者的相關資訊和操作過程會記錄在 Cookie 中，在使用者下一次訪問時，網站可以由 Cookie 中取得之前的訪問記錄。

因為 Cookie 會附加在 HTTP 請求中，在瀏覽器和伺服器間相互傳送，所以會占用網路頻寬而影響效能。而且如果 Cookie 沒有加密保護，會有資料洩漏的危險。因為 Cookie 會嚴重影響效能，所以瀏覽器會對 Cookie 做些限制，例如 Cookie 的容量大小和個數。

12.2.2　Cookie 物件的常用屬性

在用戶端可以用 JavaScript，透過 document.cookie 物件來管理瀏覽器的 Cookie。document.cookie 物件中只能存放字串和數值等基本型別資料，陣列和物件等較特殊的資料無法儲存。

屬性	說明
domain	讀取或設定**網域名稱**，來指定哪些網域可存取此 Cookie。例如 domain = go.com 表該網域與子網域如 www.go.com、blog.go.com…等都能存取，若省略則預設為目前的網域。
path	讀取或設定**路徑**，用來指定哪個路徑與其子路徑可以存取這個 Cookie。例如設為 path=/ 表示整個網域都能存取，若省略時則預設為目前 URL 的路徑。

屬性	說明
max-age	讀取或設定 Cookie 的**有效秒數**。例如設為 86400 就是一天後失效,若為 0 或-1 會使 Cookie 立即失效。如果省略預設關閉瀏覽器時 Cookie 就失效。
expires	讀取或設定 Cookie 的**有效日期**,格式為 UTC 日期字串。如果省略預設關閉瀏覽器時 Cookie 就失效。
Secure	讀取或設定限定 Cookie 只能透過 https 通訊協定傳遞,省略時預設不區分 http 或是 https。
HttpOnly	讀取或設定禁止 JavaScript 存取 Cookie,來防止惡性的網路攻擊。

因為 Cookie 可能被攻擊,所以設定相關的屬性,來限制有效範圍、時間、協定做為保護。使用 Javascript 建立 Cookie 的語法如下:

語法

document.cookie = 'Cookie 名稱 = Cookie 值 [; 屬性 = 屬性值; ...] ';

寫入 Cookie 時要使用字串,其中「Cookie 名稱 = Cookie 值」是必要參數,屬性設定則可以視需要而增加,參數間用分號「;」串接。如果寫入多個 Cookie 時只要名稱不同,舊的 Cookie 不會被覆蓋,新 Cookie 會串接到 document.cookie 中。

測試 Cookie 時,檔案必須由網頁伺服器執行,所以要安裝支援網頁伺服器的 Live Server 擴充套件。安裝步驟如右圖所示。執行時在 html 檔上按右鍵,執行「Open with Live Server」即可。

簡例 建立一個 Cookie，當瀏覽器關閉後會自動刪除。(cookie_1.html)

```
01 document.cookie = 'name=Jack';      // 未指定有效期限時預設為瀏覽器關閉後刪除
02 alert(document.cookie);             // 顯示：name=Jack
```

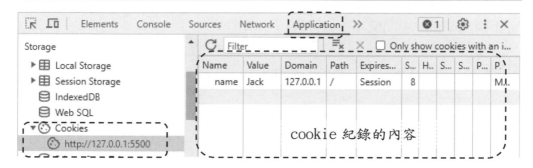

簡例 建立一個 Cookie，在網站的 cookie_1 資料夾下能存取，有效期間為兩天(2*24*60*60 = 172800)。

```
document.cookie = 'password=lucky168; path=/cookie_1; max-age=172800';
```

簡例 建立一個 Cookie 限定只能透過 https 傳遞，有效期間為一天。

```
01 let date = new Date();
02 date.setTime(date.getTime() + 24*60*60*1000);
03 document.cookie = 'id=love520;Secure;expires=' + date.toUTCString();
```

Tips 若同時設定 max-age 和 expires 屬性，會以 max-age 屬性優先。

簡例 設計一個函式，可以建立指定名稱和值的 Cookie。

```
01 function setCookie(name, value) {
02   document.cookie = name.toString()+ '=' + value.toString();
03 }
```

12.2.3 Cookie 物件的常用操作方法

在用戶端可以使用 document.cookie 物件,來建立、新增、讀取、修改和刪除當前網頁的 Cookie。下面利用一些簡例,介紹如何對 Cookie 物件進行操作。

一. 寫入多個 Cookie

使用 document.cookie 物件寫入當前網頁的多個 Cookie 時,Cookie 值會不斷地串接,中間使用「;」間隔。

簡例 寫入兩個 Cookie。(cookie_2.html)

```
01 document.cookie = 'name=Jack';
02 document.cookie = 'score=1000';
03 alert(document.cookie);        // 顯示 : name=Jack; score=1000
```

二. 讀取 Cookie

要讀取當前網頁的 Cookie 時,可使用 document.cookie 物件讀取,然後指定給一個變數,所讀取的 Cookie 值為字串。

簡例 讀取 Cookie

```
var cookies = document.cookie;
```

三. 修改 Cookie 的值

建立同名稱的 Cookie 時會覆蓋原 Cookie 值,效果等同修改 Cookie。

簡例 修改 Cookie

```
01 document.cookie = 'user=Jack';
02 document.cookie = 'user=Max';        // 修改是建立同名稱的 Cookie 來覆蓋
```

四. 刪除 Cookie

想刪除 Cookie 時，將有效期間設為過去時間，Cookie 就失效等同刪除 Cookie，例如將 max-age 屬性值設為 0 或 -1。

簡例 刪除 Cookie

```
01 document.cookie = 'user=Jack';
02 document.cookie = 'user=Jack; max-age=0'; // 刪除 Cookie 是將期限設為 0 秒
```

用 document.cookie 物件讀取 Cookie 時，其值是一長串的字串，例如上例為 'name=Jack; score=1000'。字串中是所有曾經儲存的 Cookie，格式為「名稱 = 值」，用分號「;」分隔不同的 Cookie。讀取的 Cookie 值不包含屬性，例如 path、max-age...等。若 Cookie 值有用 encodeURIComponent() 函式編碼，可以用 decodeURIComponent() 函式解碼。

簡例 設計一個函式，可以讀取指定名稱的 Cookie 值。(cookie_2.html)

```
01 alert(getCookie('score'));
02 function getCookie(key) {
03   var cookies = document.cookie;
04   var ary = cookies.split(';');
05   for (let i = 0; i < ary.length; i++) {
06     var parts = ary[i].split('=');
07     if (parts[0].trim() === key) {
08       return parts[1].trim();
09     }
10   }
11   return key + '不存在';
12 }
```

說明

1. 第 1 行：呼叫 getCookie() 函式，會傳回 Cookie 名稱為 'score' 的值。

2. 第 2~12 行：在 getCookie() 函式中，將 document.cookie 字串分割成陣列，然後逐一檢查元素值是否有指定的 Cookie 名稱，然後傳回其值。

3. 第 3 行：使用 document.cookie 物件，取得 Cookie 字串。

4. 第 4 行：因為 Cookie 之間是用「;」分隔，所以使用 split(';') 方法將字串分割成陣列。

5. 第 5~10 行：用 for 迴圈逐一檢查 Cookie 的名稱。

6. 第 6 行：因為 Cookie 的名稱和值之間是用「＝」連接，所以使用 split('=') 方法分割成兩個陣列元素，第一個元素是 Cookie 的名稱而第二個元素就是值。

7. 第 7~9 行：用 if 結構檢查第一個元素是否為指定的名稱，若是就傳回第二個元素值。因為字串前後可能會有空白字元，所以要使用 trim() 方法來移除多餘的空白字元。

12.3　本機儲存

12.3.1　本機儲存簡介

　　因為 Cookie 在使用上有諸多限制，所以於 HTML5 之後提供**網頁儲存** (Web Storage) 的功能。網頁儲存是將網頁中的資料，儲存在使用者的瀏覽器中，也就是在用戶端儲存資料。因為資料儲存的容量可達 5M、不會附加在 HTTP 中傳送、可以儲存物件資料、資料存取方法較為簡單、大部分瀏覽器都有支援，總和以上優點所以網頁儲存就被廣泛使用。

　　網頁儲存分成**本機儲存** (Local Storage) 和**通信期儲存** (Session Storage) 兩種。兩者的資料都是以 **鍵-值** 配對 (Key-value pair) 格式儲存，而且 **鍵** (key) 和 **值** (value) 都必須為字串。本機儲存可以跨網頁視窗使用，當使用者關掉視窗或瀏覽器後資料不會消失，而且資料無期效限制可永久保留。所以當網頁的資料供另一個網頁或者在離線狀態使用，此時就可以使用 Local Storage 本機儲存。通訊期儲存生命週期較短，當使用者關掉視窗或瀏覽器資料就會被清空。

12.3.2 localStorage 物件的常用屬性與方法

在用戶端可以用 JavaScript，透過 window.localStorage 物件來管理本機儲存的資料。localStorage 物件有 length 屬性，可以讀取該物件儲存幾筆資料，也就是 鍵-值 的數量。localStorage 物件也提供一些方法可以操作物件，常用方法分別說明如下：

一. 寫入本機儲存資料

使用 setItem() 方法可以將資料寫入本機儲存，參數鍵名稱和值應為字串。語法二是將鍵當作 localStorage 物件的屬性，直接設定屬性值。

語法	語法 1：window.localStorage.setItem(鍵名稱字串, 值字串); 語法 2：window.localStorage.鍵名稱 = 值字串 ;

簡例 在本機儲存寫入一筆資料。(localStorage_1.html)

```
window.localStorage.setItem('name', 'Jack' );
```

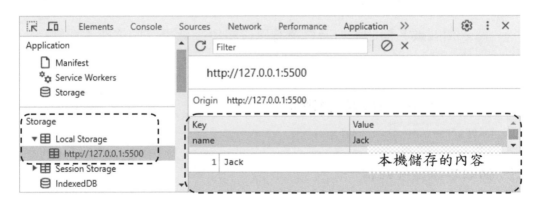

 本機儲存寫入後，若關閉網頁視窗甚至瀏覽器再重新開啟網頁，此時寫入的資料仍會存在。

簡例 在本機儲存寫入兩筆資料。(localStorage_1.html)

```
01 localStorage.setItem('gender', 'male');        // window為根物件可省略
02 localStorage.score= '1000';
```

簡例 在本機儲存寫入物件、陣列資料。(localStorage_1.html)

```
01 let levels = {level1:'8', level2:'12'};
02 localStorage.setItem('levels', JSON.stringify(levels));
03 let winers = ['Mary', 'Andy'];
04 localStorage.winers = JSON.stringify(winers);
```

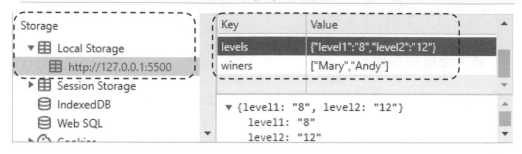

 Tips 本機儲存寫入物件、陣列資料時，必須先用 JSON.stringify() 函式轉為字串後，才能正確存入本機儲存。

二. 修改本機儲存的值

寫入相同鍵名稱的資料時會覆蓋原資料值，效果等同修改本機儲存指定鍵的值。

簡例 修改本機儲存指定鍵所對應的值。

```
localStorage.score = '500';
```

三. 讀取本機儲存資料

因為 localStorage 物件的資料是用 鍵-值 格式儲存，讀取時要使用 getItem() 方法取得指定鍵所對應的值。

語法 語法 1：var value = window.localStorage.getItem(鍵名稱字串);
語法 2：var value = window.localStorage.鍵名稱;

簡例 讀取本機儲存中指定鍵所對應的值。(localStorage_1.html)

```
01 var value1 = localStorage.getItem('name');          // 值為 'Jack'
02 var value2 = localStorage.gender;                    // 值為 'male'
```

簡例 讀取本機儲存物件、陣列資料的值。(localStorage_1.html)

```
01 var getLevels = localStorage.getItem('levels');
02 var aryLevels = JSON.parse(getLevels);
03 var value3 = aryLevels.level1;          // 值為 '8'
04 var getWiners = localStorage.getItem('winers');
05 var aryWiners = JSON.parse(getWiners);
06 var value4 = aryWiners[1];              // 值為 'Andy'
```

Tips 讀取本機儲存的物件、陣列資料時,必須先用 JSON.parse() 函式將字串轉成物件或陣列後,才能讀取正確的資料值。

四. 刪除本機儲存資料

使用 localStorage 物件的 removeItem() 方法,可以把指定鍵的資料移除。使用 localStorage 物件的 clear() 方法,可以移除所有的資料。

語法 語法 1: window.localStorage.removeItem(鍵名稱字串);
語法 2: window.localStorage.clear();

簡例 刪除本機儲存資料。(localStorage_1.html)

```
01 localStorage.removeItem('name');        // 刪除鍵名稱為'name'的本機儲存資料
02 localStorage.clear()';                  // 刪除所有本機儲存資料
```

五. 讀取本機儲存資料所有的值

想要逐一讀取 localStorage 物件儲存的所有資料,可以先用 length 屬性,得知共有幾筆資料。再使用 key() 方法取得指定索引值的鍵名稱。

語法 var keyName = window.localStorage.key(索引值);

簡例 讀取本機儲存中所有的值。(localStorage_2.html)

```
01  localStorage.setItem('name', 'Jack');
02  localStorage.stuNo = 'A0001';
03  let scores={chi:'98', math:'82', eng:'75'};
04  localStorage.setItem('scores', JSON.stringify(scores));
05  let hobbys=['閱讀', '歌唱', '運動'];
06  localStorage.hobbys = JSON.stringify(hobbys);
07  var ary = new Array();
08  for(let i=0; i < localStorage.length; i++) {
09    var keyName = localStorage.key(i);
10    var value = localStorage.getItem(keyName);
11    if(value.charAt(0)=='[' || value.charAt(0)=='{') {
12      value = JSON.parse(value);
13    }
14    ary[i] = [keyName, value];
15  }
16  alert(ary);
```

執行結果

127.0.0.1:5500 顯示

stuNo,A0001,hobbys,閱讀,歌唱,運動,name,Jack,scores,[object Object]

確定

説明

1. 第 1~6 行：存入各種格式的資料到本機儲存。

2. 第 7 行：宣告一個空陣列 ary，用來記錄本機儲存的鍵和值。

3. 第 8~15 行：用 for 迴圈逐一讀取本機儲存的鍵和值，存入 ary 陣列。

4. 第 9 行：使用 localStorage.key() 方法讀取鍵名稱。

5. 第 10 行：使用 localStorage.getItem() 方法根據 keyName 讀取對應的值。

6. 第 11~13 行：用 charAt(0) 方法取得 value 的第一個字元，如果為 '[' 或 '{' 表值為陣列或物件，就用 JSON.parse() 方法轉成陣列或物件。

7. 第 14 行：將本機儲存的鍵和值，紀錄到 ary 陣列。

12.4 通信期儲存

12.4.1 通信期儲存簡介

　　通信期儲存 (Session Storage) 顧名思義，就是所儲存的資料只有在通信期間有效，當關掉視窗或瀏覽器後，資料就會被清除。通信期儲存只會存在網頁視窗當中，如果新開網頁視窗就會有新的通信期儲存，不同的網頁視窗不會共用通信期儲存。所以通信期儲存適合短期儲存，以及專屬某個網頁的資料。

12.4.2 sessionStorage 物件的常用屬性與方法

　　在用戶端可以用 JavaScript，透過 window.sessionStorage 物件來管理通信期儲存的資料。sessionStorage 和 localStorage 物件的屬性和方法幾乎相同，所以不再重複介紹，只用幾個簡例說明如下：

簡例 在通信期儲存寫入一筆資料。(sessionStorage.html)

```
window.sessionStorage.setItem('name', 'Jack' );
```

通信期儲存寫入資料後，若關閉網頁視窗甚至瀏覽器再重新開啟網頁，此時所寫入的資料不會存在。

簡例 在通信期儲存寫入兩筆資料。(sessionStorage.html)

```
01 sessionStorage.setItem('gender', 'male');      // window 為根物件可省略
02 sessionStorage.score= '1000';
```

簡例 在通信期儲存寫入物件、陣列資料。(sessionStorage.html)

```
01 let levels = {level1:'8',level2:'12'};
02 sessionStorage.setItem('levels', JSON.stringify(levels));
03 let winers = ['Mary', 'Andy'];
04 sessionStorage.winers = JSON.stringify(winers);
```

簡例 修改通信期儲存中指定鍵所對應的值。(sessionStorage.html)

```
  sessionStorage.score = '500';
```

簡例 讀取通信期儲存指定鍵所對應的值。(sessionStorage.html)

```
01 var value1 = sessionStorage.getItem('name') ; // 值為'Jack'
02 var value2 = sessionStorage.gender;            // 值為'male'
```

簡例 讀取通信期儲存物件、陣列資料的值。(sessionStorage.html)

```
01 var getLevels = sessionStorage.getItem('levels');
02 var aryLevels = JSON.parse(getLevels);
03 var value3 = aryLevels.level1;                 // 值為'8'
04 var getWiners = sessionStorage.getItem('winers');
05 var aryWiners = JSON.parse(getWiners);
06 var value4 = aryWiners[1];                      // 值為'Andy'
```

簡例 刪除通信期儲存資料。(sessionStorage.html)

```
01 sessionStorage.removeItem('name');      // 刪除鍵名稱為'name'的本機儲存資料
02 sessionStorage.clear()';                 // 刪除所有本機儲存資料
```

IsThisFirstTime_Log_From_LiveServer 是 sessionStorage 物件預設儲存的特定鍵，用來記錄是否是透過網站第一次瀏覽網頁，但如果是直接執行

html 網頁檔案則不會出現。值如果為 true 代表是第一次瀏覽；瀏覽後可以修改成 false 標記為已經瀏覽過。

簡例 檢查是否是第一次瀏覽，若是就顯示歡迎訊息。(sessionStorage.html)

```
01  if (!sessionStorage.getItem('IsThisFirstTime_Log_From_LiveServer')) {
02    alert('歡迎首次瀏覽我們的網頁！');// 如果是第一次瀏覽，顯示歡迎訊息
03    // 設 'IsThisFirstTime_Log_From_LiveServer' 為 false，表示已經瀏覽過
04    sessionStorage.setItem('IsThisFirstTime_Log_From_LiveServer','false');
05  }
```

12.5 範例實作

範例：

設計一個使用選項鈕選擇白、黑、藍、綠背景色的網頁，選擇的背景色會儲存在 Cookie 中，再開啟網頁時會自動設為所指定的背景色。

執行結果

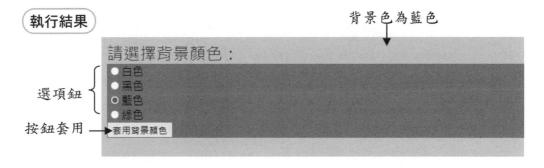

背景色為藍色

選項鈕 — 請選擇背景顏色：

　白色
　黑色
　藍色
　綠色

按鈕套用 — 套用背景顏色

程式碼 FileName：backColor.html

```
01  <!DOCTYPE html>
02  <html>
03    <body>
04      <font size="5" color="red">請選擇背景顏色：</font>
05      <div style="background-color: grey;">
06        <input type="radio" name="bcolor" value="white">白色<br>
07        <input type="radio" name="bcolor" value="black">黑色<br>
```

```
08        <input type="radio" name="bcolor" value="lightblue">藍色<br>
09        <input type="radio" name="bcolor" value="lightgreen">綠色<br>
10        <button onclick="setBackgroundColor()">套用背景顏色</button>
11    </div>
12    <script>
13        function setBackgroundColor() {
14            const selectedColor = document.querySelector
                                    ('input[name="bcolor"]:checked').value;
15            document.body.style.backgroundColor = selectedColor;
16            document.cookie = 'selectedColor=' + selectedColor +
                                '; path=/backColor';
17        }
18
19        function getCookie(name) {
20            const cookies = document.cookie.split(';');
21            for (const cookie of cookies) {
22                const ary = cookie.trim().split('=');
23                if (ary[0] === name) {
24                    return ary[1];
25                }
26            }
27            return null;
28        }
29
30        window.addEventListener('load', () => {
31            const savedColor = getCookie('selectedColor');
32            if (savedColor) {
33                document.body.style.backgroundColor = savedColor;
34                const checkedRadio = document.querySelector('input[value=' +
                                        savedColor + ']');
35                if (checkedRadio) {
36                    checkedRadio.checked = true;
37                }
38            }
39        });
40    </script>
41 </body>
42 </html>
```

説明

1. 第 5~11 行：為 div 區塊元素，其中放置四個選項按鈕元素，value 值為背景色值，和一個按鈕元素，按下時會觸發 setBackgroundColor() 函式。

2. 第 13~17 行：在 setBackgroundColor() 函式中，檢查哪個選項按鈕被選取，然後設定網頁的背景色並存入 Cookie 中。

3. 第 14 行：使用 querySelector() 方法來取得 checked 屬性值為 true 的選項按鈕，然後將其 value 值指定給 selectedColor 變數。

4. 第 15 行：將 body 元素的背景色設為 selectedColor 變數值。

5. 第 16 行：將 selectedColor 變數值存入 Cookie 中，並將 path 設為網頁檔所在的路徑 /backColor，以避免和其他網頁檔的 Cookie 混淆。

6. 第 19~28 行：在 getCookie() 函式中，由 Cookie 中依照傳入的鍵名稱傳回所對應的值。

7. 第 20 行：用 split(';') 方法將 Cookie 分割成 cookies 陣列。

8. 第 21~26 行：逐一讀取 cookies 元素，將元素值用 split('=') 方法分割成 ary 陣列。若 ary[0] 等於傳入值 name，就傳回 ary[1] 即背景色值。

9. 第 30~39 行：在網頁載入時觸發的 load 事件中，讀取 Cookie 中的背景色值，設定為網頁的背景色，並選取對應的選項按鈕。

10. 第 31 行：呼叫 getCookie() 函式，取得 Cookie 中儲存的背景色並指定給 savedColor 變數。

11. 第 34 行：使用 querySelector() 方法，取得 value 值等於 savedColor 變數值的選項按鈕。

12. 第 35~37 行：若有找到對應的選項按鈕，就設定其 checked 屬性值為 true，也就是選取該選項按鈕。

範例：

設計一個速食店 shopping.html 商品表列網頁其中有四種商品，按其右的 加入購物車 鈕會加入購物車中，商品可多次點按來增加數量。完成購物後按 購物車 鈕，會以新視窗開啟 cart.html 購物車網頁檔。其中會列出購物的商品和數量，並顯示合計金額。最後按 清空購物車 鈕，會清除本機儲存中所有的資料。

執行結果

商品表列

- 漢堡- 售價：$50 加入購物車
- 薯條- 售價：$40 加入購物車
- 雞塊- 售價：$70 加入購物車
- 可樂- 售價：$20 加入購物車

購物車

購物車

- 雞塊數量：1
- 薯條數量：2
- 可樂數量：2
- 漢堡數量：1
- 合計：240

清空購物車

程式碼 FileName : shopping.html

```
01  <!DOCTYPE html>
02  <html>
03    <body>
04      <h1>商品表列</h1>
05      <ul>
06        <li>漢堡- 售價：$50   <button onclick="addToCart('漢堡')">
              加入購物車</button></li>
07        <li>薯條- 售價：$40   <button onclick="addToCart('薯條')">
              加入購物車</button></li>
08        <li>雞塊- 售價：$70   <button onclick="addToCart('雞塊')">
              加入購物車</button></li>
09        <li>可樂- 售價：$20   <button onclick="addToCart('可樂')">
              加入購物車</button></li>
10      </ul>
11      <br>
```

12	`<button type="button" onclick="window.open('cart.html', '_blank')">` 購物車`</button>`
13	
14	`<script>`
15	`  function addToCart(item) {`
16	`    let num = localStorage.getItem(item);`
17	`    if(num != null){`
18	`      localStorage.setItem(item, parseInt(num) + 1);`
19	`    }else{`
20	`      localStorage.setItem(item, 1);`
21	`    }`
22	`  }`
23	`</script>`
24	`</body>`
25	`</html>`

說明

1. 第 5~10 行：在網頁建立 ul 清單元素，其中有四個 li 清單項目。每個項目都有按鈕元素，按下時呼叫 addToCart() 函式，傳入值為商品名稱。

2. 第 12 行：建立一個按鈕元素，按下時執行 open() 方法，以新視窗開啟 cart.html 購物車網頁。

3. 第 15~22 行：在 addToCart() 函式中，用 localStorage.getItem() 方法以傳入值 item (即商品名稱) 為鍵，讀取對應的值 (即數量) num (第 16 行)。若 num 不是 null 就使用 setItem() 方法重設數量加 1 (第 18 行)；否則就新增資料數量為 1 (第 20 行)。

4. 第 16 行：因為 localStorage 中資料為字串，所以 num 必須使用 parseInt() 函式轉成數值。

程式碼　FileName : cart.html

01	`<!DOCTYPE html>`
02	`<html>`
03	`  <body>`
04	`    <h1>購物車</h1>`
05	`    <ul id="cartItems"></ul>`
06	`    <button onclick="localStorage.clear();">清空購物車</button>`

```
07
08    <script>
09      let price ={'漢堡':50, '薯條':40, '雞塊':70, '可樂':20};
10      var total=0;
11      for(let i = 0; i < localStorage.length; i++){
12        var keyName = localStorage.key(i);
13        var value = parseInt(localStorage.getItem(keyName));
14        createItem(keyName + '數量：' + value);
15        total += price[keyName] * value;
16      }
17      createItem('合計：' + total);
18
19      function createItem(text){
20        const listItem = document.createElement('li');
21        listItem.textContent = text;
22        cartItems.appendChild(listItem);
23      }
24    </script>
25   </body>
26 </html>
```

🔄 説明

1. localStorage 本機儲存的資料有效期限長，而且同一網站的網頁都可以存取，所以 shopping.html 所儲存的資料在 cart.html 也可以讀取。

2. 第 5 行：在網頁建立 id 為 cartItems 的 ul 清單元素，來顯示購物車中商品名稱和數量，以及合計金額。

3. 第 6 行：建立一個按鈕元素，按下時執行 localStorage.clear() 方法，將 localStorage 本機儲存的資料全部清除。

4. 第 9 行：宣告 price 物件其中屬性為商品名稱，屬性值為金額。

5. 第 10 行：宣告 total 變數記錄合計金額，預設值為 0。

6. 第 11~16 行：在 for 迴圈中逐一讀取本機儲存中的資料，顯示在 cartItems 清單元素中。

7. 第 12 行：使用 localStorage.key() 方法取得鍵的名稱，也就是商品名稱。

8. 第 13 行：使用 localStorage.getItem() 方法取得指定鍵的值，也就是商品的數量。

9. 第 14 行：呼叫 createItem() 函式在清單元素中新增清單項目。

10. 第 15 行：使用 price[keyName] 取得商品的售價，計算出小計金額然後加入合計 total 中。

11. 第 19~23 行：在 createItem() 函式中，先用 createElement('li') 方法新增清單項目元素，再將傳入值 text 指定給 textContent 屬性，最後使用 appendChild() 方法將項目加入 cartItems 清單元素中。

範例：

設計一個快問快答遊戲網頁，題目有十題經隨機排列後，儲存在 Local Storage 中。使用者輸入符合題目指定的物品後，按下 輸入 鈕時會檢查答案是否重複，重複時顯示提示訊息，沒有重複時存入 Session Storage 並顯示輸入的答案。本範例只檢查答案是否重複，不檢查答案是否正確。按下 下一題 鈕時，會顯示下一道題目。

執行結果

程式碼　FileName：inputAns.html

```
01  <!DOCTYPE html>
02  <html>
03    <body onload="showTest()">
04      <h1>快問快答</h1>
05      <p id="test"></p>
06      <div>
```

```
07      輸入答案：<input type="text" id="inputAns">
08        <button onclick="saveAns()"> 輸入 </button>
09      </div>
10      <div id="result"></div>
11      <br><button onclick="showTest()"> 下一題 </button>
12      <script>
13        function showTest(){
14          var aryTest = JSON.parse(localStorage.getItem('TESTS'));
15          if(aryTest == null || aryTest.length == 0) {
16            aryTest = ['圓形','方形','三角形','紅色','綠色','白色',
                         '堅硬','柔軟','光滑','粗糙'];
17            for(let i=0; i<aryTest.length; i++) {
18              var rnd = Math.floor(Math.random() * (aryTest.length-1));
19              var del = aryTest.splice(rnd, 1);      // 刪除陣列元素
20              aryTest.push(del[0]);      // 刪除的陣列元素加到陣列最後
21            }
22            localStorage.TESTS = JSON.stringify(aryTest);
23          }
24          var idTest = document.getElementById('test')
25          idTest.textContent = '請輸入' + aryTest[0] + '的物品：';
26          aryTest.shift();      // 刪除第一個陣列元素
27          localStorage.TESTS = JSON.stringify(aryTest);
28          var idResult = document.getElementById('result')
29          idResult.textContent = '';
30          sessionStorage.clear();
31        }
32
33        function saveAns() {
34          const ans = document.getElementById('inputAns').value;
35          var value = sessionStorage.getItem(ans);
36          if(value != null){
37            alert('答案重複！');
38          } else {
39            sessionStorage.setItem(ans, ans);
40            var ansAll = '';
41            for(let i = 0; i < sessionStorage.length; i++){
42              var key = sessionStorage.key(i);
43              if(!key.includes('IsThisFirstTime')){
```

44	`                ansAll += sessionStorage.key(i) + ',';`
45	`            }`
46	`        }`
47	`        var idResult = document.getElementById('result')`
48	`        idResult.textContent = '輸入答案：' + ansAll;`
49	`    }`
50	`    document.getElementById('inputAns').value = '';`
51	`}`
52	`</script>`
53	`</body>`
54	`</html>`

🔍 説明

1. 第 3 行：載入網頁時會執行 showTest() 函式。

2. 第 5 行：建立 id 為 test 的段落元素，用來顯示題目。

3. 第 7 行：建立 id 為 inputAns 的文字輸入欄位元素。

4. 第 8 行：當使用者按下按鈕元素時，會執行 saveAns() 函式。

5. 第 10 行：建立 id 為 result 的區塊元素，用來顯示使用者輸入的答案。

6. 第 11 行：當使用者按下按鈕元素時，會執行 showTest() 函式。

7. 第 13~31 行：在 showTest() 函式中，讀取 Local Storage 中儲存 TESTS 鍵的值。如果沒有值就重新亂數出題，如果有值就取第一個為題目。

8. 第 15~23 行：如果 TESTS 鍵的值為 null (尚未出題) 或長度為 0 (題目用完) 時，就重新亂數出題並存入本機儲存中。

9. 第 22 行：將隨機調整後的陣列指定為 TESTS 鍵的值。

10. 第 25,26 行：將 aryTest 陣列的第一個元素值設為題目，並刪除該元素。

11. 第 27 行：將刪除題目後的陣列存入本機儲存中。

12. 第 30 行：將通信期儲存內容清空。

13. 第 33~51 行：在 saveAns() 函式中，從 Session Storage 讀取使用者輸入的答案，若答案已經存在就顯示提示訊息；否則就存入通信期儲存中，並顯示所有輸入的答案。

14. 第 35~37 行：以使用者輸入的答案為鍵，在 Session Storage 中讀取對應的值。如果值不是 null 表該答案已經存在，就顯示提示訊息。

15. 第 39 行：若值是 null 就將輸入的答案，加入 Session Storage 中。

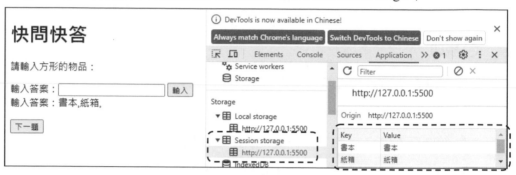

16. 第 40~46 行：逐一讀取 Session Storage 中的鍵名稱，如果名稱不包含 'IsThisFirstTime'，就將名稱加入 ansAll 變數中。

17. 第 48 行：顯示使用者所有輸入的答案。

18. 第 50 行：將使用者輸入的內容清空。

JSON 與 AJAX

13.1 JSON 簡介

JSON 的英名全名為 JavaScript Object Notation，是一種網路常用的輕量級資料交換格式，同時採用 JavaScriopt 物件格式。JSON 易於人閱讀和編寫，同時也易於機器解析和生成。由於 JSON 可以在不同的程式語言之間進行資料交換，也就是說 JSON 資料格式可讓 JavaScript、C#、Python…讀取。

JSON 物件是以 鍵/值 (key/value pair) 進行配對，鍵 (key) 可以當成屬性，值 (value) 即是屬性值。撰寫 JSON 物件時 鍵 的部份以字串表示，值的部份可以是數值、字串、布林、陣列、物件或 null。JSON 物件屬性內容使用括號 { } 括住，並以 鍵/值 配對的形式表示，每個鍵和值之間使用冒號「:」分隔，不同的 鍵/值 之間使用逗號「,」分隔。若 JSON 有多筆記錄以陣列表示，則採用中括號 [ ] 括住，各元素之間使用逗號「,」分隔。

簡例 使用 JSON 表示一筆員工記錄即員工物件，指定鍵有 id 員工編號為 "E01"，name 名為 "王小明"，salary 薪資為 45000，isMarry 是否已婚為 true ；且 id、name 為字串，salary 為數值，isMarry 為布林資料。寫法如下：

```
{
    "id": "E01",
    "name": "王小明",
    "salary": 45000,
    "isMarry": true
}
```

鍵   值

簡例 使用 JSON 存放四位員工薪資。寫法如下：

```
[45000, 67000, 34000, 56000]
```

簡例 使用 JSON 存放五位員工姓名。寫法如下：

```
["王小明", "李小華", "張三", "李四", "小呆"]
```

簡例 使用 JSON 存放三位員工記錄即員工陣列，指定鍵有 id、name、salary。寫法如下：

```
[
    { "id": "E01", "name": "王小明", "salary": 45000 },     ⇦ 第一筆
    { "id": "E02", "name": "李小華", "salary": 67000 },     ⇦ 第二筆
    { "id": "E03", "name": "張三", "salary": 34000 }       ⇦ 第三筆
]
```

13.2 JavaScript 讀取 JSON

JavaScript 提供 JSON.parse() 方法可將指定的 JSON 字串轉換為 JavaScript 物件，接著可透過「.」運算子直接將物件的屬性值直接取出。

語法

```
var 物件 = JSON.parse(json 字串);
var 變數 1 = 物件.屬性 1;          // JSON 的鍵即代表物件的屬性
var 變數 2 = 物件.屬性 2;
......
```

範例：

宣告 JSON 字串常數 jsonData 存放一位員工記錄，員工包含 id 員工編號 為 "E01"，name 品名為 "王小明"，salary 薪資為 45000，然後使用 JSON.parse() 方法將 jsonData 轉換為 JavaScript 員工物件 employee。最 後，輸出物件中的屬性值並顯示於 div 元素。

執行結果

程式碼　FileName :readjson01.html

```
01 <!DOCTYPE html>
02 <html>
03   <head>
04     <meta charset="utf-8" />
05     <title></title>
06   </head>
07   <body>
08     <h3>員工資料</h3>
09     <div id="show"></div>
10
11     <script>
12       const jsonData = '{"id":"E01", "name":"王小明", "salary":45000}';
13       const employee = JSON.parse(jsonData);
14       var myShow = document.getElementById('show');
15       myShow.innerHTML = '編號：' + employee.id + '<br>' +
                          '姓名：' + employee.name + '<br>' +
                          '薪資：' + employee.salary + '<hr>';
16     </script>
```

```
17
18    </body>
19  </html>
```

◉ 説明

1. 第 9 行：div 元素的 id 屬性值設為 "show"。

2. 第 12 行：宣告 JSON 字串常數 jsonData 存放一位員工記錄。

3. 第 13 行：透過 JSON.parse() 方法將 jsonData 轉換為 JavaScript 員工物件 employee。

4. 第 14 行：使用 getElementById() 方法尋找 id 為 'show' 的元素物件，再指定給 myShow 變數存放。。

5. 第 15 行：使用「.」運算子將 employee 的 id、name、salary 屬性值顯示於 myShow 對應的元素。(myShow 變數代表 id=show 的 div 元素物件)

13.3 AJAX 簡介

AJAX 英文全名為 Asynchronous JavaScript and XML，中文稱非同步的 JavaScript 與 XML，是用於瀏覽器和伺服器之間進行非同步通信的一種技術。它允許網頁在不需要重新載入整個頁面的情況下，使用 JavaScript 以背景方式動態向伺服器端發送請求 (Request)，伺服器收到請求將執行結果以 JSON 或 XML 回應 (Response) 給用戶端並更新網頁中的部分內容。此種以非同步方式透過背景處理進行更新網頁資料，使得網頁可以更快速回應用戶端的操作，以提升用戶體驗。

像是常用的 Gmail、Google Map 就是使用 AJAX 技術的例子。當登入 Gmail 個人的郵件系統，可以發現在操作網頁時並不會進行重新整理換頁，卻可以將信件內容顯示出來；又例如操作 Goole Map 地圖時點選地圖景點資訊可以不換頁將該景點地址、照片等相關資訊顯示出來。AJAX 特點如下：

1. **非同步特性 (Asynchronous)**： AJAX 發送請求不會阻塞用戶端對頁面的操作，也就是說伺服器處理請求時，用戶端的瀏覽器仍然可以繼續執行其他操作任務。

2. **動態更新內容**：AJAX 常用於更新網頁中的部分內容，而不是刷新重整整個頁面。此特點可以更快速回應用戶的操作且提升用戶體驗，而不需要重新載入整個頁面。

3. **減少伺服器負擔**：用戶端發送請求時可傳送需要的資料，而不是整個頁面，同時節省網路頻寬與減少伺服器端的負擔。

4. **即時性**：AJAX 技術使資料快速傳輸與更新，亦可實現即時性的相關應用，例如聊天應用、即時通訊等。

　　AJAX 中的 "X" 通常指的是 XML，但實務上也可以處理其他格式數據資料，例如 JSON、HTML、純文字資料。目前現代化的應用以 JSON 作為主要的資料傳輸格式。

13.4　AJAX 非同步存取 JSON

　　JavaScript 使用 XMLHttpRequest 物件進行 AJAX 非同步操作，包括初始化、設定回呼函式、發送請求，以及處理伺服器的回應。使用步驟：

Step 01 建立 XMLHttpRequest 物件

```
var xhr = new XMLHttpRequest();
```

Step 02 建立事件處理函式

　　設定請求的各階段事件完成時，所要執行的事件處理函式。常用的 onload 事件是在整個 HTTP 請求完成並成功時觸發的；至於 onerror 事件是在發送請求時發生錯誤時觸發的，此事件通常用於處理無法完成 HTTP 請求而導致的錯誤。

```
xhr.onload = function () {
    if (xhr.status >= 200 && xhr.status < 300) {
        // 請求成功,處理伺服器的回應
        // responseText 是 XMLHttpRequest 的屬性,可取得伺服器傳回的內容
        alert(xhr.responseText);
    } else {
        // 請求失敗,處理錯誤
        alert ('請求失敗,狀態碼:' + xhr.status);
    }
};


xhr.onerror = function () {
    // 處理發送請求時的錯誤
    alert('發送請求時發生錯誤。');
};
```

Step 03` 指定請求方法與網址

指定要使用的請求方法 (GET、POST 等) 以及要請求的伺服器網站網址,第三個參數指定為 true 表示要使用非同步模式。

```
xhr.open('GET', '請求的伺服器端網址', true);
```

Step 04` 發送請求

執行 send() 方法發送請求。若請求完成則執行 Step02 的 onload 事件,若請求發生錯誤則執行 Step02 的 onerror 事件。

```
xhr.send();
```

⬇ 範例:

使用 XMLHttpRequest 物件將網站 JSON 資料夾下的 emp.json 的 JSON 資料,以非同步的方式讀入網站內顯示員工資料。

執行結果

emp.json 文件

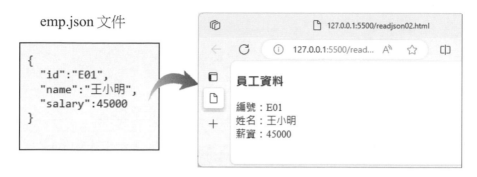

Step 01 在網站下 JSON 資料夾建立 emp.json

先在本章網站下建立 JSON 資料夾。在 VS Code 編輯器執行主功能
選單 [檔案/新增文字檔] 指令，接著在編輯器右窗格撰寫 emp.json
文件：

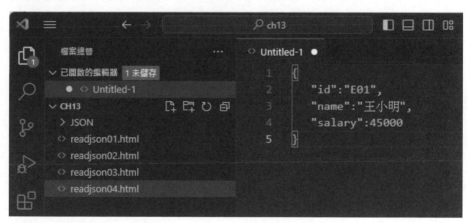

Step 02 儲存 emp.json 文件

執行主功能選單 [檔案/另存新檔]，開啟「另存新檔」視窗，指定
存檔資料夾為本章網站所建立的 JSON 資料夾，檔案名稱輸入
「emp.json」，存檔類型選用「JSON(*.json,*.bowerrc, *.jscsrc,…)。

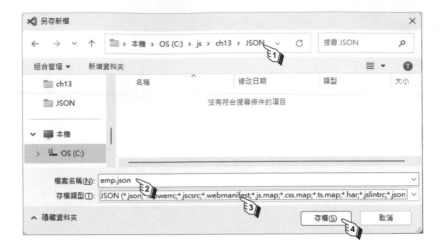

Step 03
撰寫程式碼

本範例檔必須由網頁伺服器執行，所以 VS Code 編輯器需要先安裝伺服器的 Live Server 擴充套件 (請參考第 12.2.2 節)。執行時在 html 文件上按右鍵，選取「Open with Live Server」指令即可。

程式碼 FileName : readjson02.html

```
01 <!DOCTYPE html>
02 <html>
03   <head>
04     <meta charset="utf-8" />
05     <title></title>
06   </head>
07   <body>
08     <h3>員工資料</h3>
09     <div id="show"></div>
10     <script>
11       // 建立 XMLHttpRequest 物件 xhr
12       var xhr = new XMLHttpRequest();
13
14       // 指定載入的 JSON 資料的網址
15       var url = 'JSON/emp.json';
16
17       // 設定請求完成後執行的函式
18       xhr.onload = function () {
```

```
19          if (xhr.status >= 200 && xhr.status < 300) {
20              // 請求成功，解析 JSON 資料(將 JSON 轉成 JavaScript 物件)
21              var employee = JSON.parse(xhr.responseText);
22              var show = document.getElementById('show');
23              show.innerHTML = '編號：' + employee.id + '<br>' +
                                 '姓名：' + employee.name + '<br>' +
                                 '薪資：' + employee.salary + '<br>';
24          } else {
25              // 請求失敗，顯示錯誤訊息
26              alert('發送 HTTP 請求失敗，狀態碼：', xhr.status);
27          }
28      };
29      // 設定請求失敗時執行的函式
30      xhr.onerror = function () {
31          alert('發送 HTTP 請求時發生錯誤。');
32      };
33
34      // 設定請求方法 GET 和 URL，並設定非同步呼叫
35      xhr.open('GET', url, true);
36
37      // 發送請求
38      xhr.send();
39    </script>
40  </body>
41 </html>
```

⌕ 説明

1. 第 15 行：指定載入的 JSON 資料的網址為本章網站 JSON 資料夾內的 emp.json 文件。該 JSON 資料將於第 35 行被指定請求。

2. 第 21 行：透過 JSON.parse() 方法將非同步取得 JSON 字串 (xhr.responseText) 轉換為 JavaScript 員工物件 employee。

⬇ 範例：

延續上例，改使用 XMLHttpRequest 物件將網站 JSON 資料夾下的 empAry.json 檔三筆員工記錄，以非同步的方式讀入網頁內。

執行結果

empAry.json 文件

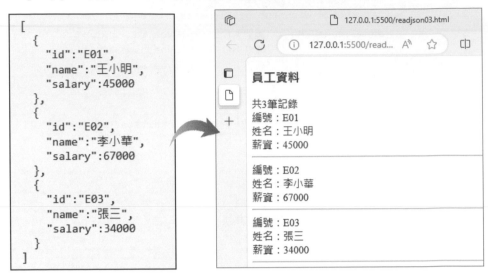

```json
[
    {
        "id":"E01",
        "name":"王小明",
        "salary":45000
    },
    {
        "id":"E02",
        "name":"李小華",
        "salary":67000
    },
    {
        "id":"E03",
        "name":"張三",
        "salary":34000
    }
]
```

員工資料

共3筆記錄
編號：E01
姓名：王小明
薪資：45000

編號：E02
姓名：李小華
薪資：67000

編號：E03
姓名：張三
薪資：34000

Step 01 在網站下 JSON 資料夾建立 empAry.json

在 VS Code 編輯器執行主功能選單 [檔案/新增文字檔] 指令，接著在編輯器右窗格撰寫 empAry.json 文件。(或將書附範例 ch13/JSON 的 empAry.json 檔直接放入亦可)

Step 02　撰寫程式碼

　　延續 readjson2.html，新增如下灰底程式碼，使網頁以 AJAX 非同
步讀入 empAry.json 三筆員工記錄。

程式碼　FileName : readjson03.html

```
01 <!DOCTYPE html>
02 <html>
03   <head>
04     <meta charset="utf-8" />
05     <title></title>
06   </head>
07   <body>
08     <h3>員工資料</h3>
09     <div id="count"></div>
10     <div id="show"></div>
11     <script>
12       // 建立 XMLHttpRequest 物件 xhr
13       var xhr = new XMLHttpRequest();
14
15       // 指定載入的 JSON 資料的網址
16       var url = 'JSON/empAry.json';
17
18       // 設定請求完成後執行的函式
19       xhr.onload = function () {
20         if (xhr.status >= 200 && xhr.status < 300) {
21           // 請求成功，解析 JSON 資料(將 JSON 轉成 JavaScript 物件)
22           var employee = JSON.parse(xhr.responseText);
23           // 將 JSON 記錄筆數顯示於 id 為 count 的 div 元素
24           var count = document.getElementById('count');
25           count.innerHTML = '共' + employee.length + '筆記錄';
26           // 將 JSON 所有的記錄顯示於 id 為 show 的 div 元素
27           var show = document.getElementById('show');
28           for (var i = 0; i < employee.length; i++) {
29             show.innerHTML += '編號：' + employee[i].id + '<br>' +
                                 '姓名：' + employee[i].name + '<br>' +
                                 '薪資：' + employee[i].salary + '<br><hr>';
30           }
```

```
31        } else {
32            // 請求失敗，顯示錯誤訊息
33            alert('發送 HTTP 請求失敗，狀態碼：', xhr.status);
34        }
35    };
36
37    // 設定請求失敗時執行的函式
38    xhr.onerror = function () {
39        alert('發送 HTTP 請求時發生錯誤。');
40    };
41
42    // 設定請求方法 GET 和 URL，並設定非同步呼叫
43    xhr.open('GET', url, true);
44
45    // 發送請求
46    xhr.send();
47    </script>
48    </body>
49 </html>
```

13.5 AJAX 非同步存取開放資料

開放資料是指可被任何人自由使用、再利用與分享，通常是由政府、企業或其他組織提供，並以 CSV、JSON 或 XML 開放標準和格式進行發佈，因此開發人員可使用 XMLHttpRequest 物件輕鬆存取使用。

開放資料的主要特點包括存取性、再利用性、分享性以及互通性。政府所提供的開放資料包括氣象資訊、教育、農業資訊、交通流量、社會經濟統計數據等。開放資料應用範圍可以涵蓋多個領域，包括科學研究、企業分析、社會創新等。

📥 **範例：**

使用 XMLHttpRequest 物件讀取「來到農村住一晚-休閒農場住宿資訊」
開放資料，本例使用 JSON 資料中的 Name 與 Photo 鍵值建立如下休閒
農場住宿資訊網頁。

執行結果

Step 01 使用農業開放資料平台的「來到農村住一晚-休閒農場住宿資訊」
JSON 資料集。

請連結到 https://data.coa.gov.tw/open.aspx 網站，並依下圖操作取得
「來到農村住一晚-休閒農場住宿資訊」JSON 資料集的網址。

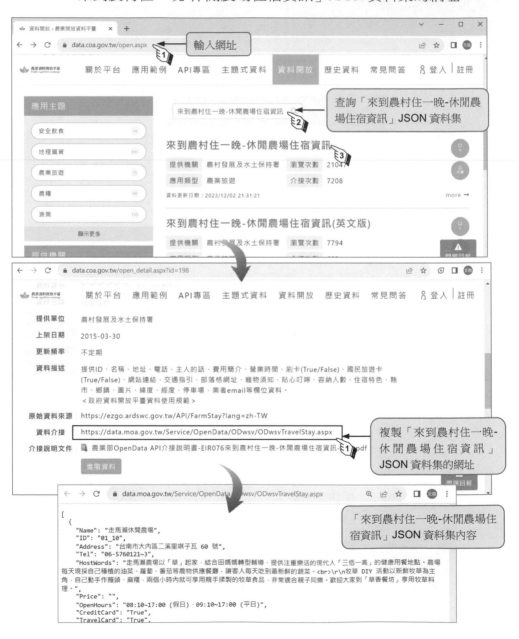

Step **02** 撰寫程式碼

程式碼　FileName：readjson04.html

```
01 <!DOCTYPE html>
02 <html>
03   <head>
04     <meta charset="utf-8" />
05     <title>休閒農場住宿資訊</title>
06     <style>
07       p{
08         margin:10px;
09         padding:5px;
10         text-align:center;
11         border:2px solid #0094ff;
12         width:225px;
13         height:180px;
14         display:inline-block;
15       }
16     </style>
17   </head>
18   <body>
19     <h3>休閒農場住宿資訊</h3>
20     <div id="count"></div>
21     <div id="show"></div>
22     <script>
23
24       // 建立 XMLHttpRequest 物件 xhr
25       var xhr = new XMLHttpRequest();
26
27       // 指定「來到農村住一晚-休閒農場住宿資訊」JSON 資料集的網址
28 var url='https://data.moa.gov.tw/Service/OpenData/ODwsv/ODwsvTravelStay.aspx';
29
30       // 設定請求完成後執行的函式
31       xhr.onload = function () {
32         if (xhr.status >= 200 && xhr.status < 300) {
33           // 請求成功，解析 JSON 資料(將 JSON 轉成 JavaScript 物件)
34           var farms = JSON.parse(xhr.responseText);
35           // 將 JSON 記錄筆數顯示於 id 為 count 的 div 元素
```

```
36          var count = document.getElementById('count')
37          count.innerHTML = '共' + farms.length + '筆記錄';
38          // 將 JSON 所有的記錄顯示於 id 為 show 的 div 元素
39          var show = document.getElementById('show')
40          for (var i = 0; i < farms.length; i++) {
41            show.innerHTML += '<p>' + farms[i].Name + '<br>' +
                                '<img src="' + farms[i].Photo +
                                '" width="200" height="140"></p>';
42          }
43        } else {
44          // 請求失敗，顯示錯誤訊息
45          alert('發送 HTTP 請求失敗，狀態碼：', xhr.status);
46        }
47      };
48
49      // 設定請求失敗時執行的函式
50      xhr.onerror = function () {
51        alert('發送 HTTP 請求時發生錯誤。');
52      };
53
54      // 設定請求方法和 URL
55      xhr.open('GET', url, true);
56
57      // 發送請求
58      xhr.send();
59    </script>
60  </body>
61 </html>
```

🔄 說明

1. 第 28 行：將產生「來到農村住一晚-休閒農場住宿資訊」JSON 資料集的網址指定給 url 變數，此網址的程式是使用 ASP.NET 開發。

2. 第 34 行：解析 JSON 資料，將其轉換成 JavaScript 物件，此為休閒農場住宿資訊物件。

3. 第 40~42 行：將 JSON 所有的記錄 (休閒農場住宿資訊物件) 顯示於 id 為 show 的 div 元素。

使用 ChatGPT
協作開發 JavaScript

14.1 ChatGPT 聊天初體驗

ChatGPT 是一個強大的智能助手,善用他可以為我們帶來許多便利喔,以下說明使用 ChatGPT 的基本步驟。

Step 1 **進入 ChatGPT 網站**:開啟瀏覽器進入 ChatGPT 網站,輸入網址:https://chat.openai.com/auth/login,點按「登入」鈕登入。

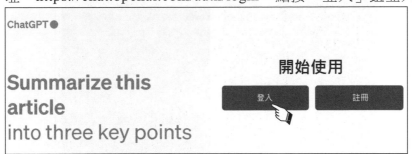

Step 2 **模擬角色**:輸入問題內容後按 Enter↵ 鍵,或是按 ↑ 向 ChatGPT 提問。請指定 ChatGPT 模擬「資深 JavaScript 程式設計師」的角色,提問句為「*你是一位資深的 JavaScript 程式設計師,請您之後以此身份回答問題*」。

> **文龍 您**
> 你是一位資深的JavaScript程式設計師，請您之後以此身份回答問題
>
> **ChatGPT**
> 當然，我樂意以資深JavaScript程式設計師的身份回答您的問題。請問有什麼我可以幫助您的呢？

Step ③ 提問：使用 JavaScript 將 [56,78,54,23,90] 陣列由小到大排序並顯示在網頁中。本例輸入提問句為「有一整數陣列 [56,78,54,23,90]，請提供 JavaScript 程式碼將上述整數陣列進行由小到大排序，最後將排序後的陣列顯示在 div 元素中」。如下 ChatGPT 回答使用陣列 Sort() 方法進行排序整數陣列。(ChatGPT 回答的內容可能每次都不同) (檔名：sample01.html)

> **文龍 您**
> 有一整數陣列 [56,78,54,23,90]，請提供JavaScript程式碼將上述整數陣列進行由小到大排序，最後將排序後的陣列顯示在div元素中。
>
> **ChatGPT**
> 當然，您可以使用JavaScript的`sort`方法來對陣列進行排序，然後將排序後的結果顯示在HTML的`div`元素中。以下是一個簡單的範例程式碼：

> 按 Copy code 可複製程式碼

```html
<!DOCTYPE html>
<html lang="en">
<head>
    <meta charset="UTF-8">
    <meta name="viewport" content="width=device-width, initial-scale=1.
    <title>Sorting and Displaying Array</title>
</head>
<body>
    <div id="result"></div>

    <script>
        // 原始陣列
        var originalArray = [56, 78, 54, 23, 90];

        // 將陣列進行排序
        var sortedArray = originalArray.slice().sort(function(a, b) {
            return a - b;
        });

        // 將排序後的陣列顯示在div元素中
        var resultDiv = document.getElementById('result');
        resultDiv.innerHTML = '排序後的陣列：' + sortedArray.join(', ');
    </script>
</body>
</html>
```

Step ④　追問：如果不滿意可以按「 ↺ 」鈕，請 ChatGPT 重新回答。也可以將題目再詳細說明，尤其是比較複雜的程式可分拆成幾個步驟單元分別提問。例如延續上例再輸入追問「**請使用氣泡排序法排序**」：(檔名：sample02.html)

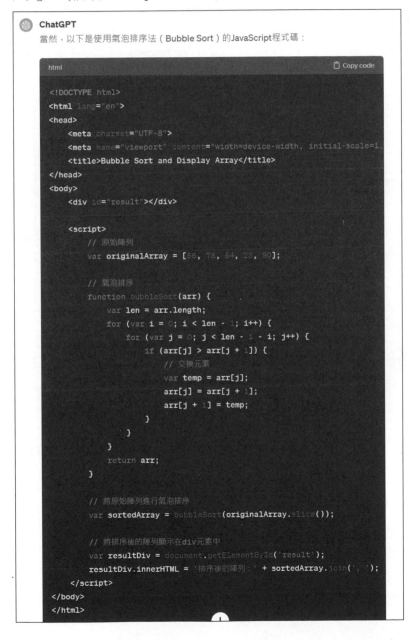

ChatGPT
當然，以下是使用氣泡排序法（Bubble Sort）的JavaScript程式碼：

```html
html                                                    📋 Copy code

<!DOCTYPE html>
<html lang="en">
<head>
    <meta charset="UTF-8">
    <meta name="viewport" content="width=device-width, initial-scale=1.
    <title>Bubble Sort and Display Array</title>
</head>
<body>
    <div id="result"></div>

    <script>
        // 原始陣列
        var originalArray = [56, 78, 54, 23, 90];

        // 氣泡排序
        function bubbleSort(arr) {
            var len = arr.length;
            for (var i = 0; i < len - 1; i++) {
                for (var j = 0; j < len - 1 - i; j++) {
                    if (arr[j] > arr[j + 1]) {
                        // 交換元素
                        var temp = arr[j];
                        arr[j] = arr[j + 1];
                        arr[j + 1] = temp;
                    }
                }
            }
            return arr;
        }

        // 將原始陣列進行氣泡排序
        var sortedArray = bubbleSort(originalArray.slice());

        // 將排序後的陣列顯示在div元素中
        var resultDiv = document.getElementById('result');
        resultDiv.innerHTML = '排序後的陣列：' + sortedArray.join(', ');
    </script>
</body>
</html>
```

提問的內容越詳細，**ChatGPT** 的回答就會越精確，如果有需要可以繼續提問。

Step 5 **管理聊天主題**：提問後 ChatGPT 會自動為聊天主題命名，可以在目前聊天主題項目列右側點按 ••• 鈕由選單點按 ✏️ 重新命名 鈕修改聊天名稱，也可以點按 🗑️ 刪除聊天 鈕刪除聊天主題。若要新增聊天的主題時，可以點按左上角的 🟢 New chat 鈕。

Step 6 **登出 ChatGPT 網站**：若要離開 ChatGPT，可以點按左下角的選單進行登出(Log out)，然後關閉 ChatGPT 網頁。

14.2 ChatGPT 協作開發 JavaScript

ChatGPT 的功能強大，在前面已經略加介紹，本節將聚焦在如何使用 ChatGPT 來協助開發人員撰寫 JavaScript 程式碼，使快速生成 JavaScript 程式碼讓開發上更加方便。但要注意的是 ChatGPT 所產生的程式碼並不一定正確，必須經過偵錯才能確認。如果程式碼有錯誤，除了可以自行修改外，也可以重新審視提問內容是否正確、周延，修正後再重新提問。

💡 **範例：**

請使用 ChatGPT 生成 JavaScript 的大樂透號碼程式碼。

執行結果

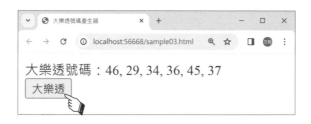

　　向 ChatGPT 詢問「請撰寫 JavaScript 程式，當按下 [大樂透] 鈕即在 div 元素顯示大樂透號碼。」，結果 ChatGPT 生成下圖 JavaScript 程式碼，請依需求複製對應程式碼。

程式碼 FileName : sample03.html

```html
01 <!DOCTYPE html>
02 <html>
03   <head>
04     <meta charset="UTF-8">
05     <meta name="viewport" content="width=device-width, initial-scale=1.0">
06     <title>大樂透號碼產生器</title>
07   </head>
08   <body>
09     <div id="lotteryResult"></div>
10     <button onclick="generateLotteryNumbers()">大樂透</button>
11
12     <script>
13       // 產生大樂透號碼的函式
14       function generateLotteryNumbers() {
15         var lotteryResultDiv = document.getElementById('lotteryResult');
16
17         // 產生 1 到 49 之間的六個不重複整數作為大樂透號碼
18         var lotteryNumbers = [];
19         while (lotteryNumbers.length < 6) {
20           var randomNum = Math.floor(Math.random() * 49) + 1;
21           if (lotteryNumbers.indexOf(randomNum) === -1) {
22             lotteryNumbers.push(randomNum);
23           }
24         }
25
26         // 將號碼顯示在 div 元素中
27         lotteryResultDiv.innerHTML = '大樂透號碼：' +
                                       lotteryNumbers.join(', ');
28       }
29     </script>
30   </body>
31 </html>
```

說明

1. 第 10,14~28 行：按下 大樂透 鈕會執行 generateLotteryNumbers() 事件函式。

2. 第 18~24 行：使用 while 與 Math.random() 函式產生 1 到 49 之間的隨機不重複整數並放入 lotteryNumbers 大樂透陣列中。

3. 第 27 行：將 lotteryNumbers 大樂透陣列六個號碼顯示在 div 元素。

範例：

使用 ChatGPT 生成產品類別有編號、品名、單價欄位。並使用產品類別生成 5 筆產品記錄，最後將 5 筆產品記錄顯示出來。

執行結果

　　向 ChatGPT 詢問「請提供 JavaScript 程式碼。產品類別有編號、品名、單價欄位，請使用產品類別建立 5 筆產品記錄，並將 5 筆產品記錄顯示出來。」，結果 ChatGPT 生成下圖 JavaScript 程式碼，請依需求複製對應程式碼。(注意 ChatGPT 所產生的程式碼可能不同)

> 您
>
> 請提供JavaScript程式碼。產品類別有編號、品名、單價欄位，請使用產品類別建立5筆
> 產品記錄，並將5筆產品記錄顯示出來。

> ChatGPT
>
> 以下是一個簡單的JavaScript範例，演示如何使用產品類別建立5筆產品記錄並顯示出來：

```html
<!DOCTYPE html>
<html lang="en">
<head>
    <meta charset="UTF-8">
    <meta name="viewport" content="width=device-width, initial-scale=1.
    <title>產品記錄</title>
</head>
<body>
    <div id="productList"></div>

    <script>
        // 定義產品類別
        class Product {
            constructor(id, name, price) {
                this.id = id;
```

按 Copy code
可複製程式碼

程式碼 FileName：sample04.html

```html
01  <!DOCTYPE html>
02  <html>
03    <head>
04      <meta charset="UTF-8">
05      <meta name="viewport" content="width=device-width, initial-scale=1.0">
06      <title>產品記錄</title>
07    </head>
08    <body>
09      <div id="productList"></div>
10
11      <script>
12        // 定義產品類別
13        class Product {
14          constructor(id, name, price) {
15            this.id = id;
16            this.name = name;
17            this.price = price;
```

```
18        }
19      }
20
21      // 建立 5 筆產品記錄
22      var products = [
23        new Product(1, '產品 A', 100),
24        new Product(2, '產品 B', 150),
25        new Product(3, '產品 C', 80),
26        new Product(4, '產品 D', 200),
27        new Product(5, '產品 E', 120)
28      ];
29
30      // 顯示產品記錄在 div 元素中
31      var productListDiv = document.getElementById('productList');
32      productListDiv.innerHTML = '<h2>產品記錄</h2>';
33      productListDiv.innerHTML += '<ul>';
34      products.forEach(function(product) {
35        productListDiv.innerHTML +=
            '<li>${product.id}: ${product.name} - 單價 $${product.price}</li>';
36      });
37      productListDiv.innerHTML += '</ul>';
38    </script>
39  </body>
40 </html>
```

↻ 説明

1. 第 13~19 行：定義 Product 類別，該類別具有編號 (id)、品名 (name) 和單價 (price) 欄位。

2. 第 22~28 行：建立 5 筆 Product 產品記錄的 products 陣列。

3. 第 31~37 行：使用 forEach() 方法將 products 陣列內的 5 筆產品記錄顯示在 div 元素中。

⬇ 範例：

延續上例，改使用文字方塊呈現產品記錄，同時提供 上一筆 下一筆 按鈕巡覽所有產品記錄。

執行結果

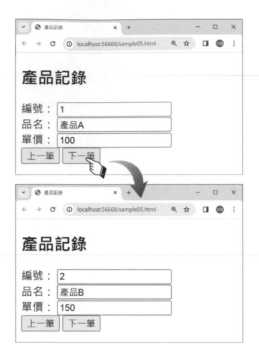

　　向 ChatGPT 詢問「延續上例，改使用文字方塊呈現產品記錄的編號、品名、單價欄位，同時提供 [上一筆] 與 [下一筆] 按鈕巡覽所有產品記錄。」，結果 ChatGPT 生成下圖 Java 程式碼，請依需求複製對應程式碼。(注意 ChatGPT 所產生的程式碼可能不同)

您

延續上例，改使用文字方塊呈現產品記錄的編號、品名、單價欄位，同時提供[上一筆]
與[下一筆]按鈕巡覽所有產品記錄。

ChatGPT

以下是改進後的JavaScript程式碼，使用文字方塊呈現產品記錄的編號、品名、單價欄
位，同時提供[上一筆]與[下一筆]按鈕巡覽所有產品記錄：

```html
<!DOCTYPE html>
<html lang="en">
<head>
    <meta charset="UTF-8">
    <meta name="viewport" content="width=device-width, initial-scale=1.
    <title>產品記錄</title>
</head>
<body>
    <h2>產品記錄</h2>
    <div>
        <label for="productId">編號：</label>
        <input type="text" id="productId" readonly>
    </div>
    <div>
        <label for="productName">品名：</label>
        <input type="text" id="productName" readonly>
    </div>
    <div>
        <label for="productPrice">單價：</label>
```

按 Copy code
可複製程式碼

程式碼 FileName : sample05.html

```
01 <!DOCTYPE html>
02 <html>
03   <head>
04     <meta charset="UTF-8">
05     <meta name="viewport" content="width=device-width, initial-scale=1.0">
06     <title>產品記錄</title>
07   </head>
08   <body>
09     <h2>產品記錄</h2>
10     <div>
11       <label for="productId">編號：</label>
```

```
12        <input type="text" id="productId" readonly>
13    </div>
14    <div>
15        <label for="productName">品名：</label>
16        <input type="text" id="productName" readonly>
17    </div>
18    <div>
19        <label for="productPrice">單價：</label>
20        <input type="text" id="productPrice" readonly>
21    </div>
22    <button onclick="prevProduct()">上一筆</button>
23    <button onclick="nextProduct()">下一筆</button>
24
25    <script>
26      class Product {
27        constructor(id, name, price) {
28          this.id = id;
29          this.name = name;
30          this.price = price;
31        }
32      }
33
34      var products = [
35        new Product(1, '產品A', 100),
36        new Product(2, '產品B', 150),
37        new Product(3, '產品C', 80),
38        new Product(4, '產品D', 200),
39        new Product(5, '產品E', 120)
40      ];
41
42      var currentIndex = 0;
43
44      function displayProduct(index) {
45        var currentProduct = products[index];
46        document.getElementById('productId').value = currentProduct.id;
47        document.getElementById('productName').value = currentProduct.name;
48        document.getElementById('productPrice').value =currentProduct.price;
49      }
```

```
50        function prevProduct() {
51          currentIndex = (currentIndex - 1 + products.length) %
                            products.length;
52          displayProduct(currentIndex);
53        }
54
55        function nextProduct() {
56          currentIndex = (currentIndex + 1) % products.length;
57          displayProduct(currentIndex);
58        }
59
60        // 初始顯示第一筆產品記錄
61        displayProduct(currentIndex);
62      </script>
63    </body>
64  </html>
```

由本章實測可以發現，使用 ChatGPT 可以快速生成 JavaScript 程式碼，進而提升開發效率。但要注意的是 ChatGPT 的最多回應字數有其限制，以 GPT-3 API 最大回應字數為 2048 個字元，因此回應的內容如果過長，建議分段詢問。

當詢問生成程式碼太多，可能導致程式過長而讓回應呈現中斷的現象，因此建議將一個複雜的大問題分成幾個小問題進行詢問，最後將回應的結果進行整合。記得提問時要描述清楚才能得到想要的答案，若答案不符合預期時，可以繼續追問或引導也能得到想要的答案。當然 ChatGPT 所提供的程式碼可能會有錯誤的情況發生，所以還是要進行測試與修改，才能讓程式碼執行符合預期結果。

ITS JavaScript 國際認證模擬試題 A 卷

1. remainder() 函式會計算整數相除的餘數。此函式會接收 a 和 b 兩個參數，且必須傳回整數 a 除以整數 b 後剩下的餘數。

    您所建立的程式碼如下：

    ```
    01 function remainder (a, b) {
    02
    03
    04 }
    ```

    請完成此函式的第 02 和 03 行。

    請問可以使用哪兩組程式碼片段？(請選擇 2 個答案)

    A.

    02 a = a % b;

    03 return a;

    B.

    02 a %= b;

    03 return a;

    C.

    02 b %= a;

    03 return b;

    D.

    02 b = b % a;

    03 return b;

    E.

    02 a = a / b - a;

    03 return a;

    F.

    02 b = b / a - b;

    03 return b;

    答案：_____,_____

2. 請評估下列程式碼。

```
01 var n = 50;
02 var c = n + 5;
03 var a = n % 2;
04 var d = c / 11;
05 n = d * 2;
06 console.log(n, c, a, d);
```

請問第 06 行中每個變數的值為何？

請將適當的值移至答案區的變數位置。每個值可能只使用一次，也可能使用多次，甚至完全用不到。

值　　0　　1　　5　　10　　25　　55　　100　　110

答案區：

變數　n ☐　　　c ☐　　　a ☐　　　d ☐

3. 您正在為某個員工薪資系統撰寫 JavaScript 應用程式。

您所建立的程式碼如下：

```
01 <! DOCTYPE html>
02 <html>
03 <body>
04 <p id="info"></p>
05 <script>
06 var firstName = "Dusty";
07 var lastName = "Luna";
08 var fullName = firstName + " " + lastName;
09 var fullNameSalary = fullName + " " + salary;
10 document. getElementById("info") . innerHTML = fullNameSalary;
11 var salary = 48000;
12 </script>
13 </body>
14 </html>
```

請問 info 元素中顯示的內容為何？

A. ""

B. "Dusty Luna undefined"

C. "Dusty Luna 48000"

D. undefined

答案：＿＿＿＿

4. 您正在為某個員工薪資系統建立 JavaScript 程式。

您撰寫了下列程式碼。

```
01 var firstName = "Jasper";
02 var lastName = "Tsai"
03 var while = Date.now() ;
04 var color = "Red";
05 var break = "No";
```

請問哪兩行程式碼包含保留字？(請選擇 2 個答案)

A. 01　　　　　　　　B. 02　　　　　　　　C. 03

D. 04　　　　　　　　E. 05

答案：＿＿＿,＿＿＿

5. 請檢視下面每一項敘述，正確請填 [是]， 錯誤請填 [否]。

( )　內部 JavaScript 可以放置於 <head> 標籤之間。

( )　將您的指令碼放置於頁面本文底部會讓瀏覽器先載入頁面的其他元素。

( )　內部 JavaScript 會使用標籤

<script src="internal" type="text/ javascript">.

6. 開發人員提出下列例外狀況處理要求：

● displayInfo() 函式必須使用例外狀況處理。

● 無論是否發生例外狀況，display() 函式都必須執行。

● 如果有例外狀況，JavaScript 程式碼必須呼叫 logDisplayInfoError()
   和 correctDisplayInfo() 函式。

需要實作例外狀況處理以符合開發人員的要求。

請從「①②③」程式區塊中選取正確的選項以完成程式碼。

```
        ①
displayInfo () ;
        ②
logDisplayInfoError () ;
correctDisplayInfo () ;
}
        ③
display ();
}
```

試問①②③程式區塊應使用什麼程式敘述？

① 程式區塊應使用？

   A. finally(msg){   B. try {   C. catch(msg){

   D. finally{   E. try(msg){

② 程式區塊應使用？

   A. finally(msg){   B. try {   C. catch(msg){

   D. finally{   E. try(msg){

③ 程式區塊應使用？

   A. finally(msg){   B. try {   C. catch(msg){

   D. finally{   E. try(msg){

   答案：① _____   ② _____   ③ _____

7. 請檢視下面每一項敘述，正確請填 [是] ，錯誤請填 [否] 。

( ) alert() 方法會顯示一個內含 [是] 和 [否] 按鈕的快顯方塊。

( ) window.prompt() 方法可以在不參考視窗物件的情況下撰寫。

( ) window.document.getElementById(elementName)方法會傳回名稱
屬性具有 elementName 參數中指定之值的元素。

8. 開發人員撰寫 JavaScript 程式。此程式會儲存有關航空公司航班的各種
資訊。此程式已初始化下列變數。

```
01 var flightDestination = "Denver";
02 var flight = 5;
03 var roundTrip = 2489.58;
04 var onTime = true;
05 var id = flight + flightDestination;
```

請根據初始化以及變數設定，判斷程式碼片段中的資料類型。

① 請問第 01 行是哪種資料類型？

A. 數字　　　　　　B. 字串　　　　　　C. 布林值

D. Null　　　　　　E. 未定義

② 請問第 03 行是哪種資料類型？

A. 數字　　　　　　B. 字串　　　　　　C. 布林值

D. Null　　　　　　E. 未定義

③ 請問第 04 行是哪種資料類型？

A. 數字　　　　　　B. 字串　　　　　　C. 布林值

D. Null　　　　　　E. 未定義

④ 請問第 05 行是哪種資料類型？

A. 數字　　　　　　B. 字串　　　　　　C. 布林值

D. Null　　　　　　E. 未定義

答案：① _____　② _____　③ _____　④ _____

9. 如下程式 JavaScript 陣列已初始化

   var array = [20, 40, 60, 80];

   開發人員撰寫了下列程式碼用以操作陣列：

```
array.shift () ;
array.pop () ;
array.push (10) ;
array.unshift (100) ;
```

請判斷陣列的內容。請問此陣列依序包含哪四個元素？請將四項元素移至作答區中，並按照正確的順序排列。

元素	作答區(答案)
10	☐
20	☐
40	☐
60	☐
80	
100	

10. 您正在使用 JavaScript 開發一個井字遊戲程式。

```
var grid = new Array () ;
grid [0] = ['-', '-', 'x'];
grid [1] = ['-', '-', '-'];
grid [2] = ['-', 'O', '-'];
```

請評估程式碼片段，然後依下面問題選取正確的選項以回答問題。

① 請問哪一個陣列元素包含「X」？

   A. grid[0][2]   B. grid[1][3]

   C. grid[2][0]   D. grid[3][1]

② 請問哪一個陣列元素包含「O」？

 A. grid[1][2]   B. grid[2][3]

 C. grid[2][1]   D. grid[3][2]

答案：①＿＿＿＿ ②＿＿＿＿

11. 您正在撰寫操作日期的 JavaScript 程式碼。

您需要使用年份、月份和日期參數以及 2021 年 1 月 1 日來初始化 Date 物件。

```
var date = new Date (      ①      ,      ②      ,      ③      );
```

試問①②③程式區塊應使用什麼程式敘述？

① 程式區塊應使用？

 A. 21   B. 2021

② 程式區塊應使用？

 A. 0   B. 1

 C. Jan   D. January

③ 程式區塊應使用

 A. 0   B. 1

答案：①＿＿＿＿ ②＿＿＿＿ ③＿＿＿＿

12. 請分析下列程式碼。

```
01 "use strict";
02 var vall = 25;
03 var val2 = 4;
04 function multiply () {
05     return val1 * val2;
06 }
07
08 console. log("Global multiply returns() : " + multiply ()) ;
```

```
09 multiply () ;
10
11 function getProduct () {
12     var val1 = 2;
13     var val2 = 3;
14
15     function multiply () {
16         return val1 * val2;
17     }
18
19     return multiply () ;
20 }
```

請檢視下面每一項敘述，正確請填 [是] ， 錯誤請填 [否] 。

( ) 呼叫第 09 行的 multiply() 函式會傳回 100。

( ) 呼叫第 19 行的 multiply() 函式會傳回 100。

13. 變數 x 的值為 5。變數 y 的值為 7。

下列運算式結果若為 true 請填 [是]。若為 false 請填 [否]。

( ) x < 7 && y > 6

( ) x == 6 || y == 6

( ) x !== 7

( ) ! (x == y)

14. 您正在使用 JavaScript 建立一個計算入場費 (ticketPrice) 的函式。

此函式必須接受客戶年齡 (age) 做為參數並實作下列規則：

● 未滿 5 歲的客戶免費入場。

● 65 歲或以上的客戶免費入場。

● 5 至 17 歲的客戶支付 10 元。

● 所有其他客戶支付 20 元的入場費 (price)。

請從「①②」選取正確的選項以完成程式碼。

```
function ticketPrice (age) {
    var price = 20;
        ①
        price = 0;
    }
        ②
        price = 10;
    }
    return price
}
```

試問①②程式區塊應使用什麼程式敘述？

① 程式區塊應使用？

    A. if (age <= 5 && age > 65) {　　　B. if (age <5 && age >= 65) {

    C. if (age <= 5 || age >65) {　　　　D. if (age <5 || age >= 65) {

② 程式區塊應使用？

    A. if (age >= 5 && age < 18) {　　　B. if (age >5 && age <= 18) {

    C. if (age >= 5 || age < 18) {　　　　D. if (age > 5 || age <= 18) {

答案：①＿＿＿　②＿＿＿

15. 開發人員正在建立一個行事曆應用程式。需要確保程式碼在一年中所有月份都能正確運作。

請從「①②③」中選取正確的選項以完成程式碼。

```
var days InMonth;
var month;
month = new Date (). getMonth () ;
        ①
        case 1:
            daysInMonth = 28; // for February, ignore leap years
```

```
                    ②
    case 3:
    case 5:
    case 8:
    case 10:
        days InMonth = 30;
                    ③
    default:
        daysInMonth = 31;
}
```

試問①②③程式區塊應使用什麼程式敘述？

① 程式區塊應使用？

    A. break {   B. case (month) {   C. switch (month) {

② 程式區塊應使用？

    A. break ;   B. continue;   C. while (month) ;

③ 程式區塊應使用？

    A. break ;   B. continue;   C. while (month) ;

答案：① ＿＿＿＿　② ＿＿＿＿　③ ＿＿＿＿

16. 您正在使用 JavaScript 撰寫一個安全開根號 Math 公用程式。

當執行 safeRoot (a, b) 函式的情況下，此函式必須執行下列工作：

● 如果被開方數 (a) 為非負數，則傳回 Math. pow(a, 1 / b)。

● 如果被開方數 (a) 為負數：

    ○ 如果指數 (b) 能被 2 整除，則傳回文字：**結果是一個虛數**。

    ○ 否則，傳回 -Math.pow(-a, 1 /b)。

請從「①②③④」中選取正確的選項以完成程式碼。

```
function safeRoot (a, b) {
            ①
        return Math.pow (a, 1 / b) ;
            ②
              ③
            return "結果是一個虛數";
              ④
              return -Math.pow (-a, 1 /b) ;
          }
        }
}
```

試問①②③④程式區塊應使用什麼程式敘述？

① 程式區塊應使用？

 A. if (a >= 0) {   B. if (a % 2 == 0) {

② 程式區塊應使用？

 A. } else if (b % 2 == 0) { B. } else if (a >= 0) {

 C. } else {   D. if (b % 2 == 0) {

③ 程式區塊應使用？

 A. } else if (b % 2 == 0) { B. } else if (a >= 0) {

 C. if (a >= 0) {   D. if (b % 2 == 0) {

④ 程式區塊應使用？

 A. } else if (b % 2 == 0) { B. } else if (a >= 0) {

 C. } else {   D. } if (a >= 0) {

 E. } if (b % 2 == 0) {

答案：① _____ ② _____ ③ _____ ④ _____

17. 開發人員為某個會計系統建立下面 JavaScript 程式。

```
01 function canWithdraw (amount, currentBalance) {
02
03          return true;
04     }
05     else {
06          return false;
07     }
08 }
```

請確保此函式只有在 amount 等於或小於 currentBalance 時才會傳回 true。

試問如何完成程式碼的第 02 行？

A. if (amount <= currentBalance)

B. if (amount < currentBalance) {

C. if (amount >= currentBalance) {

D. if (amount > currentBalance){

答案：＿＿＿＿

18. 您執行了下列程式碼：

```
var chain = "";
var j;
for (j = 0; j < 8; j++) {
    if (j == 2) { continue; }
    chain += j + " ";
}
```

請問程式碼執行完成之後，變數 chain 中的值為何？

A. 0 1 3 4 5 6 7

B. 0 1

C. 3 4 5 6 7

D. 0 1 3 4 5 6 7 8

E. 1 3 4 5 6 7 8

答案：_____

19. 您正在為碁峰公司撰寫 JavaScript 函式。setTotal() 函式會計算分配給所有專案的工程師總數。而 projects 陣列則包含指派給每個專案的工程師人數。

請從「①②」中選取正確的選項以完成程式碼。

```
var projects = [3, 5, 6, 7];
var i = 0;
var totalAllocated = 0;
var count = [        ①        ]
function setTotal() {
        [        ②        ]
            totalAllocated += projects [i] ;
            i++;
        }
}
```

試問①②程式區塊應使用什麼程式敘述？

① 程式區塊應使用？

　　A. projects.length　　　　　　B. projects[4]

② 程式區塊應使用？

　　A. while (i < count) {　　　　B. while (i > count) {

　　C. for (i == count) {　　　　D. for (i != count) {

答案：① _____　　② _____

20. 開發人員撰寫下列程式碼開發碁峰旅館的應用程式。該應用程式應該在段落內新的一行顯示每種房型。

```
01 <! DOCTYPE html>
02 <html>
03 <body id="body">
04 <p id="para"><br /></p>
05 <script>
06     var rooms = ["Single", "Double", "Triple", "Suite"] ;
07     var i = 0;
08     for (i=0; i<rooms.length ; i++) {
09
10     }
11 </script>
12 </body>
13 </html>
```

試問第 09 行應使用哪一行程式碼？

A. document. getElementById("para"). innerHTML += rooms[i]+"<br/>";

B. document. getElementById("para"). innerHTML += rooms [i]+
;

C. document. getElementById("para"). innerHTML += rooms [i] ;

D. document. getElementById("para"). innerHTML = rooms[i]+"<br/>";

答案：_____

21. 您需要使用 JavaScript 存取下列程式片段中的 section1 元素：

```
<div id='sectionA'>
<div id='section1'>
```

您需要使用哪種方法？

A. getElementsByClassName

B. getElementById

C. getElementsByName

D. getElementsByTagName

答案：_____

22. 開發人員正在為碁峰公司撰寫 JavaScript 程式。

　　您需要在使用者將滑鼠移到某個段落內時，將該段落元素變更為「Can place a call」。

　　請從「①②」中選取正確的選項以完成程式碼。

```
<html>
<body>
   <p id = "para"    ①    = "hover('Can')"    ②    =
      "hover('Cannot')">Cannot place a cell</p>
   <script>
     function hover(canCall) {
       document.getElementById("para").innerHTML =
         canCall + " place a call.";
     }
   </script>
</body>
</html>
```

① A. onmouseover　　B. onmouseout　　C. obclick　　D. onchange

② A. onmouseover　　B. onmouseout　　C. obclick　　D. onchange

答案：①_____　　②_____

23. 開發人員正在設計一個顯示藍色按鈕的網頁。當使用者按一下該按鈕時，按鈕應該呼叫顯示「Welcome!」訊息的函式。當使用者將游標移至該按鈕上方時，按鈕應該變成紅色 (red)。當使用者將游標移出該按鈕時，按鈕應該還原為原始色彩的藍色 (blue)。您需要使用適當的 HTML 事件來完成標籤。

　　請從「①②③」中選取正確的選項以完成標籤。

```
<!DOCTYPE html>
<html>
<head>
  <script>
  function showRed()
  {
    var changer = document.getElementById("changer");
    changer.style.backgroundColor = "red";
  }
  function showBlud()
  {
    var changer = document.getElementById("changer");
    changer.style.backgroundColor = "blue";
  }
  function notify()
  {
    alert("Welcome!");
  }
  </script>
</head>
<body>
  <input id="changer" type="button"        ①        ="notify();"
        ②        ="showRed();"        ③        ="showBlue();"
    value="Click Me" style="background-color:blue;
    color:white;"/>
</body>
</html>
```

① A. onchange   B. onmouseover   C. onmouseout   D. onclick

② A. onmouseover   B. onmousedown   C. onmouseout   D. onclick

③ A. onmouseover   B. onmousedown   C. onmouseout

   D. onkeydown

答案：① _____   ② _____   ③ _____

24. 開發人員建立網頁。功能為在使用者按一下 Add 按鈕時動態建立輸入
    欄位。每個輸入欄位都必須是數值，並且指定 Enter Score 做為其預留
    位置文字。您需要動態新增輸入欄位。

    請從「①②③④」中選取正確的選項以完成程式碼。

```
<!DOCTYPE html>
<html>
<head>
  <script>
    function addScoreField(){
        var field = document. [    ①    ] ("input");
        field. [    ②    ] ("type", "number");
        field. [    ③    ] ("placeholder", "Enter Score");
        container. [    ④    ] (field);
    }
  </script>
</head>
<body>
  <div id="container" style="display:flex">
    <input type="number" placeholder="Enter Score">
    <input type="number" placeholder="Enter Score">
    <input type="number" placeholder="Enter Score">
  </div>
  <button onclick="addScoreField()">Add</button>
</body>
</html>
```

① A. appendChild   B. createAttribute   C. createElement
   D. createTextNode

② A. appendChild   B. createAttribute   C. setAttribute

③ A. appendChild   B. createAttribute   C. setAttribute

④ A. appendChild   B. createElement   C. insertAdjacentElement

    答案：①＿＿＿   ②＿＿＿   ③＿＿＿   ④＿＿＿

25. 試問下列哪個 JavaScript 程式碼片段僅會將數字 42 以數字型態儲存到變數 iNum 中？

A. var iNum = "42fred";

B. var iNum = "42fred";
   iNum = iNum.substr(1, 2);

C. var iNum = "42fred";
   iNum = iNum.substr(2, 2);

D. var iNum = parseInt("42fred");

答案：_____

26. 您正在撰寫如下程式，其中 update() 函式必須使用來自使用者的輸入更新段落元素，然後隱藏輸入。

```
01 <html>
02 <body>
03 <p id="para">Enter your name</p>
04 <input type="text" id="box" onchange="update()" value="">
05 <script>
06 var output = document.getElementById("para");
07 var input = document.getElementById("box");
08 function update() {
09
10
11 }
12 </script>
13 </body>
14 </html>
```

請問您應該在第 09 和 10 行使用哪個程式碼？

A. 09 output.innerHTML = input.value;
   10 input.hidden = true;

B. 09 output.value = input.innerHTML;
   10 output.hidden = true;

C. 09 output.innerHTML = input.innerHTML;
   10 input.style.visibility = false;

D. 09 output = input;
   10 input.hidden = true;

答案：＿＿＿＿

27. 開發人員使用 JavaScript 建立一個計算機程式。如下為 HTML 程式碼：

```
01 <form id="calculator">
02     <input type="text" id="a" />
03     <input type="text" id="b" />
04     <input type="text" id="result" />
05     <input type="button" onclick="add()" value="+" />
06 </form>
```

請建立一個名稱為 add() 的函式，將 a 和 b 輸入元素中的值相加並將結果顯示在 result 輸入元素中。

開發人員使用 JavaScript 定義了如下 add() 函式：

function add() {

}

請完成此函式的主體程式。

試問開發人員應該依序使用哪三個程式碼片段？請將三個程式碼片段移至作答區中，然後按照正確的順序排列。

程式碼片段

var result = a + b;

document.getElementById("result").value = a + b;

var result = eval(document.getElementById("result"));

```
var b = eval(document.getElementById("b").value);
```

```
var a = eval(document.getElementById("a").value);
```

```
var a = eval(document.getElementById("a"));
```

```
var b = eval(document.getElementById("b"));
```

作答區

1.

2.

3.

28. 您正在建立一個網頁來測試使用者準確輸入文字的能力。驗證應該不區分大小寫。

請將下列適當的程式碼片段移至作答區「①②③④」程式碼的正確位置，以完成程式碼。

程式碼片段

A. value

B. innerHTML

C. toLowerCase()

作答區

```
<!DOCTYPE html>
<html>
<head>
  <script>
    function validate() {
      var input = document.getElementById("tester").    ①    ;
      var text = document.getElementById("userText").    ②    ;
      if (input.    ③    == text.    ④    )
```

```
          {
             alert("Success");
          }
       }
    </script>
    </head>
    <body>
       <p id="userText">When in the course of human events…</p>
       <input type="input" id="tester" />
       <button onclick="validate()">Validate</button>
    </body>
    </html>
```

答案：① ＿＿＿   ② ＿＿＿   ③ ＿＿＿   ④ ＿＿＿

29. 請檢閱下列網頁標籤：

```
<form name="problemTicket"
      action="mailto:itPCBook@gmail.com" method="post">
   問題<input name="problemDescription" type="text" /><br/>
   姓名<input name="yourName" type="text" /><br/>
   電話<input name="yourPhoneNumber" type="tel" /><br/>
   <button>Create Problem Ticket</button>
</form>
```

此頁面可讓使用者建立問題報修單並傳送一封電子郵件給 itPCBook@gmail.com。這封電子郵件會包含問題描述、使用者的姓名以及使用者的電話號碼。

您需要在此頁面嘗試傳送問題報修單 (problemTicket) 時，針對使用者的電話號碼 (yourPhoneNumber) 執行自訂驗證。

請問您應該使用表單物件的哪一個屬性、方法或事件？

A. checkValidity

B. onclick

C. target

D. onsubmit

答案：＿＿＿＿

30. 您正在為碁峰資訊開發網頁。

```html
<!DOCTYPE html>
<html>
<head>
    <title>碁峰資訊 </title>
    <script>
      var sales;
      var totalSales=0;
      var count=0;
    </script>
</head>
<body>
  <h2>碁峰資訊 </h2>
  <p id="sales"></p>
  <script>
    sales += Math.round(prompt("輸入今天的銷售額(-1 to end): "));
    while(sales != -1){
      totalSales += sales;
      count++;
      sales += Math.round(prompt("輸入今天的銷售額(-1 to end): "));
    }
    document.getElementById("sales").innerHTML = "交易次數 =" +
      count + " 銷售總額=" + totalSales;
  </script>
```

```
</body>
</html>
```

指令碼處於無限迴圈狀態。

問題為何？

A. sales 變數應該使用 = 運算子而非 += 運算子。

B. sales 變數並未初始化為 0。

C. totalSales 值將變成未定義，因為 sales 不是有效的數字。

D. while 迴圈中的條件應該變更為 while(sales)。

答案：＿＿＿＿

31. 多個 HTML 頁面需要參考同一段 JavaScript 程式碼。

請問這段 JavaScript 程式碼應該存放在哪裡？

A. 每份文件的 head 標籤內

B. .js 檔案中

C. 每份文件的 body 標籤內

D. .CSS 檔案中

答案：＿＿＿＿

32. 請分析下列程式碼：

```
var x = 10;
function multiplyNumber(x) {
    try {
        const y = 15;
        y = (2 * x);
        return y;
    }
    catch {
```

```
      return (3 * x);
   }
   finally {
      return (4 * x);
   }
}
x = multiplyNumber (x);
console.log(x);
```

請問 console 輸出為何？

A. 10

B. 20

C. 30

D. 40

答案：＿＿＿＿＿

33. 您正在開發一個顯示學生註冊資訊的網頁。您需要測試程式碼以確保
程式碼能正確擷取並顯示學生資訊。

請從「①②③」中選取正確的選項以完成程式碼。

```
<body>
<h2>New Student Registration</h2>
<script>
         ①
    this.firstName = first;
    this.lastName = last;
    this.major = major;
    this.year = year;
    this.info = function() {
        document.write("<p>You are registered as " + this. firstName + "
        " + this.lastName + "</p>" + "<p>You are a " + this.year +
        " who is majoring in " + this.major + "</p>");
```

```
      }
   }
```

②

③

```
</script>
</body>
```

① A. function student(firstName, lastName, major, year) {

   B. class student(first, last, major, year) {

   C. function student(first, last, major, year) {

   D. class student(firstName, lastName, major, year) {

② A. var newStudent = new student;

   B. var newStudent = new student();

   C. var newStudent = student("Sherlock", "Sassafrass", "IT", "freshman");

   D. var newStudent = new student("Sherlock", "Sassafrass", "IT", "freshman");

③ A. info();

   B. newStudent.info();

   C. info("Sherlock", "Sassafrass", "IT", "freshman");

   D. newStudent.info("Sherlock", "Sassafrass", "IT", "freshman");

答案：① ＿＿＿ ② ＿＿＿ ③ ＿＿＿

34. 您正在完成一個計算訓練心率的指令碼。

此指令碼必須修改下列變數：

- 將 rhr (靜止心率) 向上或向下捨入至最接近的整數。

- 將 adjusted_low 心率向下捨入至最接近的整數。

- 將 adjusted_high 心率向上捨入至最接近的整數。

請從「①②③」中選取正確的選項以完成程式碼。

```
function heartRate() {
    var age= parseInt(document.getElementById("age").value);
    var rhr = parseInt(document.getElementById("restingHR").value);
```
①
```
    var message;
    var lowHR = (220-age-rhr)*. 50;
```
②
```
    var highHR = (220-age-rhr)*. 85;
```
③
```
        message="Your training heart rate is between:
            <br>"+adjusted_low+" and "+adjusted_high;
        document.getElementById("feedback").innerHTML=message;
}
```

① A. rhr = Math.round(0);

  B. rhr = Math.round(rhr);

  C. rhr = Math.min(rhr);

  D. rhr = Math.abs(rhr,0);

② A. var adjusted_low = Math.ceil(lowHR + rhr);

  B. var adjusted_low = Math.floor(lowHR + rhr);

  C. var adjusted_low = Math.round(lowHR + rhr);

  D. var adjusted_low = Math.trunc(lowHR + rhr);

③ A. var adjusted_high = Math.round(highHR + rhr);

  B. var adjusted_high = Math.floor(highHR + rhr);

  C. var adjusted_high = Math.ceil(highHR + rhr);

  D. var adjusted_high = Math.trunc(highHR + rhr);

答案：① ＿＿＿　② ＿＿＿　③ ＿＿＿

35. 您在專案撰寫處理員工加班的指令碼。此指令碼必須實作下列規則：

• 如果 pay_type 是 h 或 H，而且時數超過 40，員工就會獲得加班費。

• 否則，員工會獲得正常工資。

請從「①②③」中選取正確的選項以完成程式碼。

```
document.getElementById("submit").addEventListener("click", function() {
    if ((pay_type == "h"  ①  pay_type == "H")  ②  hours  ③  40)
        overtime (hours);
    else
        regular (hours);
});
```

① A. !　　B. <>　　C. ||　　D. &&

② A. !　　B. <>　　C. ||　　D. &&

③ A. <　　B. <=　　C. >　　D. >=

答案：① ＿＿＿　② ＿＿＿　③ ＿＿＿＿

36. 請分析下列 DOM 樹狀結構。您需要插入一個將成為本文中第一個元素
的 img 元素。

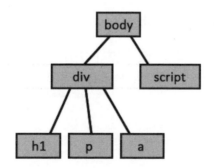

請從「①②③④」中選取正確的選項以完成程式碼。

```
<script>
    var newImgElement =          ①
    newImgElement.      ②      = "_images/photo.jpg";
    var divElement = document.          ③
    document.body.      ④
</script>
```

① A. document.appendChild("img");　　B. document.createElement("img");

　C. document.querySelector("img");　　D. window.appendChild("img");

　E. window.createElement("img");

② A. href　　　　B. querySelector　　　　C. src　　　　D. textContent

③ A. querySelector("div");　　　　B. querySelector("body");

　C. createElement("body");　　　　D. appendChild("div");

④ A. append(newlmgElement);

　B. appendChild(newlmgElement);

　C. createElement(newimgElement);

　D. insertBefore(newimgElement);

　E. insertBefore(newlmgElement, divElement);

答案：① ＿＿　　② ＿＿　　③ ＿＿　　④ ＿＿

37. 有一個網頁顯示了下列影像元素：

```
<img src="images/cottage.jpg" id="cottage" alt="渡假小屋"
    style="width:150px; height:100px;">
```

當使用者將游標移至該影像元素上方時，頁面應該呼叫 displayText() 函式。您正在撰寫呼叫該函式的程式碼。您必須將程式碼放入外部 JavaScript 檔案中。

請問您應該使用哪個程式碼片段？

A. document.getElementById("cottage").addEventListener("mouseover", displayText);

B. document.getElementById("cottage").addEventListener("onmouseover", displayText);

C. document.getElementById("cottage").onmouseover=displayText();

D. document.getElementById("cottage").addEventListener("mouseover", displayText());

答案：＿＿＿

38. 請判斷變數 x 是否為 null。下列正確的語法為何？

    A. x === null   B. x = null   C. x == "null"   D. x typeof null

    答案：_____

39. 請判斷變數 str 的字串是否為空白。正確的語法為何？

    A. str === ""   B. str === "empty"   C. str === null   D. str === "null"

    答案：_____

40. 您正在協助某位同事測試下列表單：

```html
<!DOCTYPE html>
<html>
<body>
<h1>Contact Information</h1>
<form id="contact" action="processContact.php">
    <p>First name: <input type="text" id="fname"></p>
    <p>Last name: <input type="text" id="lname"></p>
    <p><input id="sub" type="button" value="Submit form"></p>
</form>
<script>
    document.getElementById("sub").addEventListener("click",function(){
        fname = document.getElementById("fname").value;
        lname = document.getElementById("lname").value;
        if (lname === "" || fname === "")
            alert("You forgot to enter your name");
        else
            document.getElementById("contact").submit();
    });
</script>
</body>
</html>
```

下列每一項有關表單提交程序的敘述，請選取 [正確] 或 [錯誤]。

① 此表單將提交至一個名為 contact 的指令碼。

A. 正確　　B. 錯誤

② 只有在輸入 first name 和 last name 後，此表單才會提交。

A. 正確　　B. 錯誤

③ 此表單將無法提交，因為缺少提交方法。

A. 正確　　B. 錯誤

答案：① ＿＿＿　② ＿＿＿　③ ＿＿＿＿

ITS JavaScript 國際認證模擬試題 B 卷

1. 請檢閱下列 JavaScript 程式碼：

```
var x = 15;
x %= 5;
```

程式碼執行後，x 的值為何？

A. 0   B. 3   C. 5   D. 未定義   答案：＿＿

2. 請評估下列程式碼。

```
01 var n = 50;
02 var c = n + 5;
03 var a = n % 2;
04 var d = c / 11;
05 n = d * 2;
06 console.log(n, c, a, d);
```

請問第 06 行中每個變數的值為何？

請將適當的值移至答案區的變數位置。每個值可能只使用一次，也可能使用多次，甚至完全用不到。

值 ⬚0 ⬚1 ⬚5 ⬚10 ⬚25 ⬚55 ⬚100 ⬚110

答案區：

變數 n ☐   c ☐   a ☐   d ☐

3. 開發人員正在撰寫一份含有 JavaScript 的 HTML 網頁文件。若 JavaScript 已停用，該文件必須顯示一則訊息來提示使用者，他們需要啟用 JavaScript。

請選擇正確的 HTML 標籤，在 JavaScript 已停用時顯示內容。

請問應該使用哪個標籤？

A. script　　B. noscript　　C. link　　D. meta

答案：＿＿＿

4. 請檢閱下列 JavaScript 程式碼：

```
var x = "10";
var y = x + 10;
```

程式碼執行後，y 的值為何？

A. 20　　B. 1010　　C. NaN　　D. y 的值未定義

答案：＿＿＿

5. 您正在撰寫一個 JavaScript 程式來收集員工資料，並將資料儲存在資料庫中。您的程式要處理各種資料，包括文字和各種不同類型的數字。您需要確保此程式會處理資料，並使用正確的資料類型將資料儲存在資料庫中，對於每個程式碼片段，請判斷所處理的資料類型。

請將左側清單中適當的資料類型移至右側的正確程式碼片段。

資料類型	程式碼片段	
Boolean	var age = 23	
Number	var exempt = false;	
Object	var initial = 'D';	
String	var salary = 123.5;	
Undefined	var zip = "81000";	

6. 如下程式 JavaScript 陣列已初始化

　var array = [20, 40, 60, 80];

　開發人員撰寫了下列程式碼用以操作陣列：

```
array.shift () ;
array.pop () ;
array.push (10) ;
array.unshift (100) ;
```

請判斷陣列的內容。請問此陣列依序包含哪四個元素？請將四項元素
移至作答區中，並按照正確的順序排列。

元素	作答區（答案）
10	☐
20	☐
40	☐
60	☐
80	
100	

7. 您正在撰寫一個執行下列動作的簡易指令碼：

- 宣告並初始化一個陣列

- 將 10 個隨機整數填入該陣列

- 從第一個元素開始，每隔一個數字相加

請從「①②③」中選取正確的選項以完成程式碼。

```
var numbers = ____①____
for (var i = 0; i < 10; i++) {
    numbers. ____②____ (Math.round(Math.abs(Math.random() * 10)));
}
var sum = 0;
for (var j = 0; j < 10; j = j + 2) {
```

```
    sum =  ___③___  ;
  }
console.log(sum);
```

① A. ()   B. {}   C. []   D. ""

② A. pop   B. push   C. sort   D. splice

③ A. sum[j]   B. numbers[j]   C. numbers(j)   D. array[j]

答案：① ____   ② ____   ③ ____

8. 開發人員撰寫一個將客戶資訊儲存在物件陣列中的 Web 應用程式，每個 Customer 物件都具有下列屬性：

- customerName
- lastOrderDate
- orderAmount

開發人員需要建立並填入一份客戶清單，並且識別過去 3 年曾經下單過的客戶。請從「①②」中選取正確的選項以完成程式碼。

```
for (var i = 0; i < customers.length; i++) {
  var customer = customer[i];
  var currentDate = new Date();
  var orderDate = new Date(customer.lastOrderDate);
  if ( ___①___  -  ___②___  < 3) {
    console.log( "Customer " + customers[i].customerName +
        " placed order " + dateDiff(currentDate, orderDate));
  }
}
```

① A. Date(currentDate).getFullYear()   B. currentDate.getFullYear()

   C. getFullYear()   D. getDate()

② A. Date(orderDate).getFullYear()   B. orderDate.getFullYear()

   C. getFullYear()   D. getDate()

答案：① ____   ② ____

9. 您要在 JavaScript 應用程式中使用 Math 物件，您撰寫了下列程式碼以評估各種 Math 物件的函式：

```
var ceil = Math.ceil(100.5);
var floor = Math.floor(100.5);
var round = Math.round(100.5);
```

請問：

① ceil 變數的最終值為何？

　　A. 100　　　B. 101

② floor 變數的最終值為何？

　　A. 100　　　B. 101

③ round 變數的最終值為何？

　　A. 100　　　B. 101

答案：①＿＿＿　②＿＿＿　③＿＿＿

10. 請評估下列程式碼：

```
function change(student, course)
{
    student = "JavaScript Student";
    course.name = "JavaScript";
    course.grade = 100;
}
var sampleCourse = {"name": "HTML", "grade": 90};
var sampleStudent = "HTML Student";
change(sampleStudent, sampleCourse);
console.log(sampleStudent, sampleCourse.name, sampleCourse.grade);
```

您需要判斷 console.log() 為 sampleStudent、sampleCourse.name 和 sampleCourse.grade 輸出的值為何。請問：

① sampleStudent 變數的最終值為何？

　　A. HTML Student　　　B. JavaScript Student

② sampleCourse.name 變數的最終值為何？

    A. HTML   B. JavaScript

③ sampleCourse.grade 變數的最終值為何？

    A. 90   B. 100

答案：① ＿＿＿＿　　② ＿＿＿＿　　③ ＿＿＿

11. 開發人員正在建立一個網頁，其中包含一段指令碼與一個名為 calculate 的函式。此函式會接受三個參數：

● 第一個參數是包含要執行之 calculate 作業名稱的字串

● 第二個參數是 calculate 作業中的第一個數字

● 第三個參數是 calculate 作業中的第二個數字

請在「①②③④」中指定正確的選項以完成程式碼。

```
function calculate (operation, a, b) {
    switch(operation){
        case 'multiply':
            _____①_____
        case 'divide':
            _____②_____
    }
    _____③_____
        return x * y;
    }
    _____④_____
        return n / d;
    }
}
console.log(calculate('divide' , 4, 3));
console.log(calculate('multiply' , 4, 3));
```

  ① A. return multiply(a, b);   B. return multiply(x, y);

     C. return multiply(n, d);   D. return multiply();

② A. return divide(a, b);   B. return divide(x, y);

C. return divide(n, d);   D. return divide();

③ A. function multiply(a, b){   B. function multiply(x, y){

C. function multiply(n, d){   D. function multiply(){

④ A. function divide(a, b){   B. function divide(x, y){

C. function divide(n, d){   D. function divide (){

答案：① _____ ② _____ ③ _____ ④ _____

12. 客戶要求您撰寫一個使用簡易規則的程式，根據天氣狀況以及車輛油箱中的油量，協助判斷人員應該搭乘火車 (Take Train)、自行開車 (Drive your car)，還是騎自行車 (Ride Bike)。

此程式必須實作以下規則：

● 如果氣溫 (temperature) 高於 65 度而且沒有下雨 (raining)，人員應該騎自行車。

● 如果正在下雨 (raining)，人員應該自行開車。

● 如果油箱 (fuelTank) 只有半箱汽油或更少，人員應該搭乘火車。

請從「①②」中指定正確的選項以完成程式碼。

```
if(temperature > 65    ①    !raining)
    advice = "Ride Bike";
else if(fuelTank    ②    .5)
    advice = "Take Train";
else advice = "Drive your car";
```

① A. &&   B. ==   C. || D. &   E. >

② A. ==   B. || C. <=   D. &&   E. >

答案：① _____ ② _____

13. 您正在撰寫 JavaScript 程式。這個程式的 validGraphic() 函式會檢查圖形的 height 是否等於或大於 50 像素，但小於 100 像素。

請從「①③③」中指定正確的選項以完成程式碼。

```
var valid = false;
var minHeight = 50;
var maxHeight = 100;
function validGraphic(height, width) {
    if (height ___①___ minHeight ___②___ height ___③___ maxHeight){
        valid = true;
    }
}
```

① A. <   B. >   C. <=   D. >=

② A. &&   B. ||

③ A. <   B. >   C. <=   D. >=

答案：① _____   ② _____   ③ _____

14. 您正在使用 JavaScript 建立一個計算入場費 (ticketPrice) 的函式。

此函式必須接受客戶年齡 (age) 做為參數並實作下列規則：

● 未滿 5 歲的客戶免費入場。

● 65 歲或以上的客戶免費入場。

● 5 至 17 歲的客戶支付 10 元。

● 所有其他客戶支付 20 元的入場費 (price)。

請從「①②」選取正確的選項以完成程式碼。

```
function ticketPrice (age) {
    var price = 20;
    _____①_____
        price = 0;
    }
    _____②_____
        price = 10;
    }
```

```
    return price
}
```

試問①②程式區塊應使用什麼程式敘述？

① 程式區塊應使用？

A. if (age <= 5 && age > 65) {　　　B. if (age <5 && age >= 65) {

C. if (age <= 5 || age >65) {　　　D. if (age <5 || age >= 65) {

② 程式區塊應使用？

A. if (age >= 5 && age < 18) {　　　B. if (age >5 && age <= 18) {

C. if (age >= 5 || age < 18) {　　　D. if (age > 5 || age <= 18) {

答案：① ＿＿＿　　② ＿＿＿

15. 若星期幾為星期三 (Wednesday) 時，您的公司會提供 10% 折扣 (discount)。您需要撰寫一個符合下列需求的 JavaScript 函式，名為 getDiscount：

● 接受星期幾 (day) 做為字串

● 傳回適當的折扣 (discount)

請從「①②③」中指定正確的選項以完成程式碼。

```
function getDiscount (day) {
    var discount = 0;
    day = day.toLowerCase();
      ①
        ②
        discount = .1;
        break;
      ③
        discount = 0;
        break;
    }
```

```
    return discount;
}
```

①   A. case (day){   B. default (day){   C. case (default){
     D. switch (day){

②   A. case "wednesday":   B. default: C. case default:
     D. switch "wednesday"

③   A. case "wednesday":   B. default: C. case default:
     D. switch "wednesday":

答案：① _____   ② _____   ③ _____

16. 您正在使用 JavaScript 撰寫一個安全開根號 Math 公用程式。

當執行 safeRoot (a, b) 函式的情況下，此函式必須執行下列工作：

● 如果被開方數 (a) 為非負數，則傳回 Math. pow(a, 1 / b)。

● 如果被開方數 (a) 為負數：

   ○ 如果指數 (b) 能被 2 整除，則傳回文字：結果是一個虛數。

   ○ 否則，傳回 -Math.pow(-a, 1 /b)。

請從「①②③④」中選取正確的選項以完成程式碼。

```
function safeRoot (a, b) {
        ①
    return Math. pow (a, 1 / b) ;
        ②
        ③
        return "結果是一個虛數";
        ④
            return -Math. pow (-a, 1 /b) ;
        }
    }
}
```

試問①②③④程式區塊應使用什麼程式敘述？

① 程式區塊應使用？

   A. if (a >= 0) {　　　　　　　　　B. if (a % 2 == 0) {

② 程式區塊應使用？

   A. } else if (b % 2 == 0) {　　　　　B. } else if (a >= 0) {

   C. } else {　　　　　　　　　　　　D. if (b % 2 == 0) {

③ 程式區塊應使用？

   A. } else if (b % 2 == 0) {　　　　　B. } else if (a >= 0) {

   C. if (a >= 0) {　　　　　　　　　　D. if (b % 2 == 0) {

④ 程式區塊應使用？

   A. } else if (b % 2 == 0) {　　　　　B. } else if (a >= 0) {

   C. } else {　　　　　　　　　　　　D. } if (a >= 0) {

   E. } if (b % 2 == 0) {

   答案：① ＿＿＿　　② ＿＿＿　　③ ＿＿＿　　④ ＿＿＿

17.您正在建立一個根據使用者年齡指派類別的指令碼，此指令碼實作規則如下：

● 將 24 歲或以上但未滿 36 歲的使用者指派到 CAT1。

● 將 36 歲或以上但未滿 46 歲的使用者指派到 CAT2。

● 將所有其他使用者指派到 CAT3。

請將左側清單中適當的程式碼片段移至右側的正確位置，以完成程式碼。

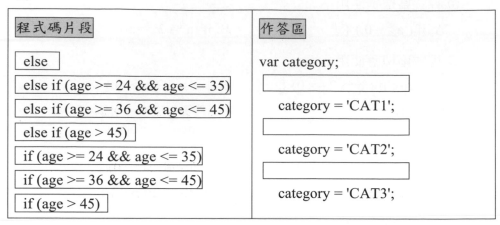

18.您正在建立一個名為 countdown() 的函式，此函式會接受一個名為 start 的參數，並且顯示從該數字逐一遞減到零的倒數計時。

請從「①②③」中指定正確的選項以完成程式碼。

```
function countdown(start) {
    for ( ___①___   ___②___   ___③___ ) {
        console.log(i);
    }
}
```

① A. var i = start;   B. var i == start;   C. var i <= start;   D. var i < start;

② A. i <= 0;   B. i < 0;   C. i > 0;   D. i >= 0;

③ A. i++   B. i--

答案：① _____   ② _____   ③ _____

19.試撰寫一個執行下列工作的迴圈：

● 周遊陣列長度以尋找 orange 值。

● 如果陣列元素值為 null，則立即前往下一個元素。

● 找到該值時，則結束迴圈。

請將左側清單中適當的關鍵字移至右側的正確位置，以完成程式碼。

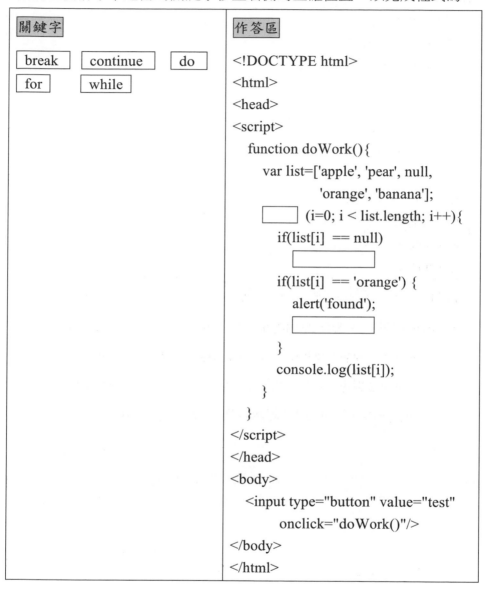

關鍵字	作答區
| break　continue　do<br>for　while | ```html
<!DOCTYPE html>
<html>
<head>
<script>
  function doWork(){
    var list=['apple', 'pear', null,
              'orange', 'banana'];
    ☐ (i=0; i < list.length; i++){
      if(list[i] == null)
        ☐
      if(list[i] == 'orange') {
        alert('found');
        ☐
      }
      console.log(list[i]);
    }
  }
</script>
</head>
<body>
  <input type="button" value="test"
         onclick="doWork()"/>
</body>
</html>
``` |

20. 開發人員撰寫下列程式碼開發碁峰旅館的應用程式。該應用程式應該
    在段落內新的一行顯示每種房型。
```

```
01 <! DOCTYPE html>
02 <html>
03 <body id="body">
04 <p id="para"><br /></p>
05 <script>
06     var rooms = ["Single", "Double", "Triple", "Suite"] ;
07     var i = 0;
08     for (i=0; i<rooms.length; i++) {
09
10     }
11 </script>
12 </body>
13 </html>
```

試問第 09 行應使用哪一行程式碼?

A. document.getElementById("para").innerHTML += rooms[i]+"<br/>";

B. document.getElementById("para").innerHTML += rooms [i]+
;

C. document.getElementById("para").innerHTML += rooms [i] ;

D. document.getElementById("para").innerHTML = rooms[i]+"<br/>";

答案:＿＿＿＿＿

21. 開發人員正在使用 JavaScript 建立一個動態 HTML 文件。
   開發人員需要建立一個快顯視窗,當使用者按一下按鈕時顯示額外資訊。開發人員應該使用哪一個物件?

   A. window   B. document   C. screen   D. body

   答案:＿＿＿＿＿

22. 小明需要使用 JavaScript 存取 HTML 文件中的 section1 元素:

   ```
   <div id='sectionA'>
   <div id='section1'>
   ```

應該使用下列哪種方法？

A. getElementsByC1assName　　　B. getElementById

C. getElementsByName　　　　　D. getElementsByTagName

答案：＿＿＿＿

23. 小華正在使用 JavaScript 建立一個 HTML 頁面。

此頁面顯示了一個巧克力的影像。當使用者移動滑鼠指標到該影像上時，影像應該從巧克力變成蛋糕。當使用者將滑鼠指標移出該影像時，影像應該還原成巧克力。

小華需要為影像切換撰寫程式碼。他應該編寫哪兩個事件的程式碼？(請選擇 2 個答案)

A. onmouseover　　　　B. onmouseout　　　　C. onmousedown

D. onmouseup　　　　　E. onmouseenter

答案：＿＿＿＿,＿＿＿＿

24. 小強必須使用 JavaScript 一段指令碼動態變更段落元素的內容以顯示 randomQuote() 函式所傳回的值。

小強撰寫了下列程式碼。

```
01 <!DOCTYFE htm1>
02 <html>
03 <body>
04 <p id="tester" onclick="changeText()">Click to change the content.</p>
05 <input type="button" value="Change Text" onclick="changeText()" />
06 <script>
07 function changeText() {
08
09 }
10 </script>
11 </body>
12 </htm1>
```

試問小強應該在第 08 行使用哪個程式碼片段？

A. document.getElementById("tester").innerHTML = randomQuote();

B. document.getElementById("tester").script = randomQuote();

C. document.getElementById("tester").value = randomQuote();

D. document.getElementById("tester").title = randomQuote();

答案：_____

25. 小明設計網頁用以顯示動物清單。該網頁包含一段根據清單輸出動物的指令碼。

小明撰寫了下列 HTML 標籤以測試指令碼：

```
<p>動物列表</p>
<ul>
    <li>狗</li>
    <li><strong>貓</strong></li>
    <li>獅子</li>
</ul>
<p>點選按鈕顯示所有動物</p>
<button onclick="showList()">動物清單</button>
<div id="list"></div>
```

小明需要建立一個在 div 元素中顯示動物清單的函式，包括任何格式設定。請在「①②③④」中選取正確的選項以完成程式碼。

```
function showList() {
   var list = document. ①
   for (var i = 0; i < list.length; i++) {
      document. ② ("list"). ③ += list[i]. ④ + "<br\>";
   }
}
```

① 區塊應使用哪個程式敘述？

　A. getElementsByTagName("li")　　　　B. getElementsByTagName("ul")

　C. getElementsByClassName("li")　　　　D. getElementByClassName("ul")

② 區塊應使用哪個程式敘述？

　A. getElementsByTagName　　　　　　B. getElementById

　C. getElementsByClassName　　　　　　D. getElementByName

③ 區塊應使用哪個程式敘述？

　A. innerText　　　　　B. innerHTML　　　　　C. textContent

④ 區塊應使用哪個程式敘述？

　A. innerText　　　　　B. innerHTML　　　　　C. textContent

答案：①＿＿＿　②＿＿＿　③＿＿＿　④＿＿＿

26. 小呆正在建立一個可讓客戶選擇食物辣度的表單。如果客戶選擇 Spicy，頁面應該顯示一則警告。小呆撰寫了下列程式碼。

```
01 <form name="orderForm" action="#" method="post">
02     <select name="heatIndex" required>
03       <option>Mild</option>
04       <option>Medium</option>
05       <option>Spicy</option>
06     </select>
07     <button onclick="checkWarning()">Order</button>
08 </form>
```

小呆撰寫了下列 JavaScript 程式以顯示警告：

```
09 function checkWarning() {
10     var option = document.forms.orderForm["heatIndex"];
11     if (option == "Spicy") {
12       alert("Spicy food: Good Luck!");
13     }
14 }
```

當您選擇 Spicy 並按一下 Order 鈕後，警告無法顯示。

您需要解決此問題。請問您該怎麼做?

A. 將第 07 行變更為

   `<button onchange="checkWarning();">Order</button>`

B. 將第 07 行變更為

   `<button onclick="checkWarning;">Order</button>`

C. 將第 10 行變更為

   `var option = document.forms.orderForm["heatIndex"].value;`

D. 將第 10 行變更為

   `var option.value = document.forms.orderForm["heatIndex"];`

答案：_____

27. 您正在撰寫如下程式，其中 update() 函式必須使用來自使用者的輸入更新段落元素，然後隱藏輸入。

```
01 <html>
02 <body>
03 <p id="para">Enter your name</p>
04 <input type="text" id="box" onchange="update()" value="">
05 <script>
06 var output = document.getElementById("para");
07 var input = document.getElementById("box");
08 function update() {
09
10
11 }
12 </script>
13 </body>
14 </html>
```

請問您應該在第 09 和 10 行使用哪個程式碼？

A. 09 output.innerHTML = input.value;

　　10 input.hidden = true;

B. 09 output.value = input.innerHTML;

　　10 output.hidden = true;

C. 09 output.innerHTML = input.innerHTML;

　　10 input.style.visibility = false;

D. 09 output = input;

　　10 input.hidden = true;

答案：＿＿＿＿

28.您正在針對下列 JavaScript 程式碼執行單元測試：

```
function validatePin(pin) {
    var validated = !isNaN(pin) && pin.toString().length == 4;
    return validated;
}
```

您將不同的引數傳遞給 validatePin() 函式以進行測試。

請代入如下每個引數，若此函式會傳回 true，請填寫 [是]。若不會，請填寫 [否]。

( )　"ABCD"

( )　1234

( )　20 * 50

29.對於下列每一項敘述，正確請填 [是]，錯誤請填 [否]。

( )　表單 POST 要求以快取處理。

( )　表單 GET 要求的資料長度受到限制。

( )　表單 POST 要求會儲存在瀏覽器歷程記錄中。

( )　您在處理敏感性表單資料時應該僅使用 GET 要求。

30. 您需要建立一個外部 JavaScript 檔案,其中包含一個名為 showArea 的函式。此函式會顯示矩形面積。下列哪一個程式碼片段能正確實作這項需求?

A.

```
<body>
<script>
function showArea(length, width) {
    alert(length * width);
}
</script>
</body>
```

B.

```
<head>
<script>
function showArea(length, width) {
    alert(length * width);
}
</script>
</head>
```

C.

```
<script>
function showArea(length, width) {
    alert(length * width);
}
</script>
```

D.

```
function showArea(length, width) {
    alert(length * width);
}
```

答案:＿＿＿＿

31.多個 HTML 頁面需要參考同一段 JavaScript 程式碼。

請問這段 JavaScript 程式碼應該存放在哪裡？

A. 每份文件的 head 標籤內　　　B. js 檔案中

C. 每份文件的 body 標籤內　　　D. .css 檔案中

答案：＿＿＿

32.請分析下列程式碼：

```
var x = 10;
function multiplyNumber(x) {
  try {
    const y = 15;
    y = (2* x);
    return y;
  }
  catch {
    return (3 * x);
  }
  finally {
    return (4 * x);
  }
}
x = multiplyNumber(x);
console.log(x);
```

請問 console 輸出為何？

A. 10　　　B. 20　　　C. 30　　　D. 40

答案：＿＿＿

33.請分析下列程式碼：

```
function calculateSum(x,y) {
  const sum = 0;
  try {
```

```
    x = x * 2;
    y = y + 5;
    sum = x + y;
  }
  catch(error) {
    console.log('Error');
  }
  return sum;
}
const result = calculateSum(5, 7);
```

calculateSum() 執行時會發生什麼狀況？

A. 擲回例外狀況　　　B. 傳回 sum

C. 發生語法錯誤　　　D. 結果為未定義

答案：＿＿＿＿

34. 小華正在開發一個顯示學生註冊資訊的網頁。

小華需要測試程式碼以確保程式碼能正確取得並顯示學生資料。

請選取「①②③」正確的選項以完成程式碼。

```
<body>
<h2>New Student Registration</h2>
<script>
        ①
    this.firstName = first;
    this.lastName = last;
    this.major = major;
    this.year = year;
    this.info = function(){
      document.write("<p>You are registered as " + this.firstName + " " +
      this.lastName + "</p> " + "<p>You are a " + this.year +
      " who is majoring in " + this.major + "</p>")
    }
```

```
        }
              ②
              ③
</script>
</body>
```

① 區塊應使用哪個程式敘述？

A. function student(firstName, lastName, major, year){

B. class student(first, last, major, year){

C. function student(first, last, major, year){

D. class student(firstName, lastName, major, year){

② 區塊應使用哪個程式敘述？

A. var newStudent = new student;

B. var newStudent = new student();

C. var newStudent = student("Sherlock", "Sassafrass", "IT", "freshman");

D. var newStudent = new student("Sherlock", "Sassafrass", "IT", "freshman");

③ 區塊應使用哪個程式敘述？

A. info();

B. newStudent.info();

C. info("Sherlock", "Sassafrass", "IT", "freshman");

D. newStudent.info("Sherlock", "Sassafrass", "IT", "freshman");

答案：① _____   ② _____   ③ _____

35. 請分析下列 DOM 樹狀結構。您需要插入一個將成為本文中第一個元素的 img 元素。

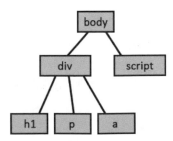

請從「①②③④」中選取正確的選項以完成程式碼。

```
<script>
    var newImgElement =          ①
    newImgElement.     ②      = "_images/photo.jpg";
    var divElement = document.          ③
    document.body.          ④
</script>
```

① A. document.appendChild("img");　　　B. document.createElement("img");
　C. document.querySelector("img");　　　D. window.appendChild("img");
　E. window.createElement("img");

② A. href　　　　B. querySelector　　　　C. src　　　D. textContent

③ A. querySelector("div");　　　　　　　B. querySelector("body");
　C. createElement("body");　　　　　　　D. appendChild("div");

④ A. append(newlmgElement);　　　　　B. appendChild(newlmgElement);
　C. createElement(newimgElement);　　D. insertBefore(newimgElement);
　E. insertBefore(newlmgElement, divElement);

答案：① _____　　② _____　　③ _____　　④ _____

36.您正在建立一個需要標題和編號清單的應用程式。標題將不包含任何
HTML 標籤。請選取「①②」正確的選項以完成程式碼。

```
<body>
    <h1 id="title"></h1>
    <section id="showList"></section>
    <button id="wish">Wish List</button>
    <script>
        var list=["Bicycle", "Guitar", "Computer", "Camera"];
        vart text="<ol>"
        document.getElementById("wish").addEventListener("click",
        function() {
                     ①
            for(var sub = 0; sub < list.length; sub++){
```

```
                text += "<li>" + list[sub] + "</li>";
            }
            text += "</ol>";
                    ②
        });
    </script>
</body>
```

① 區塊應使用哪個程式敘述？

    A. document.getElementById("title").value = "Wish List";

    B. document.getElementById("title").HTML = "Wish List";

    C. document.getElementById("title").heading1 = "Wish List";

    D. document.getElementById("title").textContent = "Wish List";

② 區塊應使用哪個程式敘述？

    A. document.getElementById("showList").value = text;

    B. document.getElementById("showList").textContent = text;

    C. document.getElementById("showList").innerHTML = text;

    D. document.getElementById("showList").HTML = text;

答案：① _____   ② _____

37. 在第一個區塊中，請選取頁面載入時將變更按鈕色彩的程式碼。在第二個區塊中，請選取使用者按一下按鈕時將變更按鈕色彩的程式碼。

```
<button id="btn">Change</button>
<script>
          ①
          ②
function changeColor() {
    var colors=["blue", "green", "pink", "orange"]
    sub = Math.floor(Math.random()*4);
    document.getElementById("btn").style.background = colors[sub];
}
</script>
```

① 區塊應使用哪個程式敘述？

A. document.body.onload = changeColor();

B. document.body.setAttribute("button", changeColor);

C. document.body.getElementById("btn").onload = changeColor();

D. document.body.getElementByTagName("BUTTON").changeColor();

② 區塊應使用哪個程式敘述？

A. document.getElementByTagName("BUTTON").addEventListener(
    "onclick",changeColor);

B. document.getElementById("btn").onclick = changeColor();

C. document.getElementByTagName("BUTTON").click = changeColor();

D. document.getElementById("btn").addEventListener("click",
    changeColor);

答案：① _____　② _____

38.開發人員需要判斷名為 str 的字串是否為空白。正確的語法為何？

A. str === ""　　　B. str === "empty"

C. str === null　　D. str === "null"

答案：_____

39.您正在針對下列 JavaScript 函式進行單元測試：

```
function validateCode(code) {
  var validated = !isNaN(code) && code.toString().length == 6;
  return validated;
}
```

對於下列每一項有關函式的敘述，正確請填 [是]，錯誤請填 [否]。

( )　如果 code 參數設定為 111111，此函式會傳回 true。

( )　如果 code 參數設定為 "012345"，此函式會傳回 true。

( )　如果 code 參數設定為 "XYZXYZ"，此函式會傳回 true。

( )　如果 code 參數設定為 2000 * 300，此函式會傳回 true。

40. 小明正在協助小強測試下列表單：

```
<!DOCTYPE html>
<html>
<body>
<h1>Contact Information</h1>
<form id="contact" action="processContact.php">
   <p>First namr:<input type="text" id="fname"></p>
   <p>Last namr:<input type="text" id="lname"></p>
   <p><input id="sub" type="button" value="Submit form"></p>
</form>
<script>
   document.getElementById("sub").addEventListener("click",
   function() {
      fname = document.getElementById("fname").value;
      lname = document.getElementById("lname").value;
      if (lname === "" || fname === "")
         alert("You forgot to enter your name");
      else
         document.getElementById("contact").submit();
   });
</script>
</body>
</htm1>
```

對於下列每一項有關表單提交的敘述，正確請填 [是] ， 錯誤請填 [否]。

( ) 此表單將提交至一個名為 contact 的指令碼。

( ) 只有在輸入 first name 和 last name 後，此表單才會提交。

( ) 此表單將無法提交，因為缺少提交方法。

JavaScript 內建物件與常用方法

C

一. Number 物件

屬性/方法	說明
MAX_VALUE	表正數的**最大值**，約為 1.8×10^{308}。
MIN_VALUE	表正數的**最小值**，為 5×10^{-324}。
NaN	**非數值**。
NEGATIVE_INFINITY	表**負無窮大**值即為 -Infinity。
POSITIVE_INFINITY	表**無窮大**值即為 Infinity。
toString()	toString(radix) 將數值轉型成**字串**，radix 參數指定進位制，為介於 2~32 進制的整數，預設值為 10。 【例】(8).toString()　　// '8' 　　　　(8).toString(8)　// '10'
toExponential()	toExponential(digits) 將數字轉為**科學記號字串**，參數 digits 為指定小數點後的位數。 【例】var num = 12.345; num.toExponential(2)　// '1.23e+1'
toFixed()	toFixed(digits) 將數值四捨五入轉成**固定小數點位數**，回傳值為字串。參數 digits 指定小數點後的位數，省略時預設為 0。 【例】(123.456).toFixed()　　　// '123' 　　　　(123.456).toFixed(1)　　// '123.5'

屬性/方法	說明
toPrecision()	toPrecision(precision) 回傳四捨五入到指定長度字串。參數 precision 為指定整體長度,若長度大於數值則以 0 補位;長度小於數值則用科學記號表示。 【例】12.3.toPrecision(2)　　// '12' 　　　12.3.toPrecision(4)　　// '12.30'
valueOf()	回傳物件的基本數值型別。 【例】var num = new Number(10);　　// num 的型別為物件 　　　num.valueOf();　　　// 10
isInteger()	isInteger(num) 回傳 num 是否為整數。 【例】Number.isInteger(1)　　// true 　　　Number.isInteger(1.5) // false
isFinite()	isFinite(num) 回傳 num 是否為有限數。 【例】Number.isFinite(1)　　// true 　　　Number.isFinite (1/0) // false
isNaN()	isNaN(num) 回傳 num 是否不是數值。 【例】Number.isNaN(0/0)　　// true 　　　Number.isNaN(1)　　　// false
parseInt()	parseInt(str [,radix]) 回傳 str 的十進制整數值,radix 參數表 str 的進位制,省略時預設為十進制。 【例】Number.parseInt('8.5')　　// 8 　　　Number.parseInt('16', 8)　　// 14
parseFloat()	parseFloat(str) 回傳 str 的浮點數值。 【例】Number.parseFloat('8.536 NT ')　// 8.536

二. Boolean 物件

方法	說明
toString()	回傳 Boolean 物件的布林字串 ('true' 或 'false')。 【例】var bool = Boolean(0);　　// false 　　　bool.toString();　　　// 'false'
valueOf()	回傳 Boolean 物件的布林值。 【例】var bool = new Boolean('a');　// true 　　　bool.valueOf();　　　// true

三. String 物件

屬性/方法	說明
length	記錄字串的**字元數量**。 【例】var lng = 'abc'.length;　　　　　// lng = 3
toLowerCase()	將字串中的英文字母改為**小寫**。 【例】"JavaScript".toLowerCase()　　// "javascript"
toUpperCase()	將字串中的英文字母改為**大寫**。 【例】"JavaScript".toUpperCase()　　// "JAVASCRIPT"
trim()	**清除字串兩端的空格** (包含 tab)。 【例】" Java ".trim() + "Script"　　// "JavaScript"
repeat()	repeat(n): 將**字串複製指定次數 n**。 【例】'ab'.repeat(3)　　　　　// 'ababab'
charAt()	charAt(index) 回傳字串中參數 index 索引值位置的字元，索引值從 0 開始。 【例】'JavaScript'.charAt(2)　　　// 'v'
charCodeAt()	charCodeAt(index) 回傳字串中參數 index 索引值位置字元的 **Unicode 編碼**，索引值從 0 開始。 【例】'JavaScript'.charCodeAt(2)　　// 118
fromCharCode()	fromCharCode([chr1 [, chr2 [, …]]]) 將 chr1、chr2…以 **Unicode 值所代表的字元組成字串**。 【例】var str = String.fromCharCode(65, 66, 67);　// 'ABC'
indexOf()	indexOf(str, start) 傳回**第一次**搜尋到子字串 **str** 的索引值，如果沒有找到就傳回 -1。start 參數為開始搜尋的索引值，若無 start 參數則預設為 0，即從頭搜尋。 【例】'JavaScript'.indexOf('a')　　// 1 　　　'JavaScript'.indexOf('a', 2)　　// 3
lastIndexOf()	lastIndexOf(str, start) 傳回**最後**搜尋到子字串 **str** 的索引值，如果沒有找到傳回 -1。start 參數為開始搜尋的索引值，若無 start 參數則預設為 0，即從頭搜尋。 【例】'JavaScript'.lastIndexOf('a')　　// 3

屬性/方法	說明
match()	match(str) 尋找字串中是否有 **str** 子字串，如果有就回傳子字串；否則傳回 null。 【例】'JavaScript'.match('Java')　　　// 'Java'
search()	search(str) 傳回第一次搜尋到子字串 **str** 的索引值，如果沒有找到就傳回 -1。 【例】'JavaScript'.search('Java')　　　// 0
includes()	includes(str) 回傳字串是否包含 **str** 子字串。 【例】'JavaScript'.includes('Java')　　　// true
startsWith()	startsWith(str) 回傳字串是否**字首**為 str 子字串。 【例】'JavaScript'.startsWith('Java')　　// true
endsWith()	endsWith(str) 回傳字串是否**字尾**為 str 子字串。 【例】'JavaScript'.endsWith('Script')　　// true
localeCompare()	localeCompare(str) 會在目前語言環境下，比較和 str 字串的**排序**，傳回值若為 -1 表在前、1 表在後、0 則表相同。 【例】'a'.localeCompare('b')　　　　// -1 　　　'b'.localeCompare('a')　　　　// 1 　　　'abc'.localeCompare('abc')　　// 0
replace()	replace(str1, str2) 尋找字串中是否有 str1 子字串，如果有就用 str2 **替換**，然後回傳替換後的字串。 【例】'apple pie'.replace ('apple', 'pumpkin') 　　　// 'pumpkin pie'
split()	split(str) 將字串使用參數 str 作**分割**，將字串轉成陣列。 【例】'1,2,3,4'.split (', ')　　　　// ['1', '2', '3', '4']
substr()	substr(start, length) 回傳 start 索引開始，**長度**為 length 的**子字串**。 【例】'JavaScript'.substr(0,4)　　　// 'Java'
slice()	slice(start, end) 回傳 start ~ end-1 索引值範圍的**子字串**，不支援向前截取子字串。 【例】'JavaScript'.slice(4, 7)　　　// 'Scr' 　　　'JavaScript'.slice(7, 4)　　　// ''
substring()	substring(start, end) 回傳 start ~ end-1 索引值範圍**子字串**。 【例】'JavaScript'.substring(4, 2)　　// 'va'

屬性/方法	說明
concat()	concat([str1 [, str2 [, …]]]) 將 str1、str2...等字串**連接**到字串之後。 【例】'Java'.concat('Script');　　　　// 'JavaScript'

四. Array 物件

屬性/方法	說明　【 設：var ary1 = [1, 2, 3, 4]; 】
length	記錄陣列的**元素個數** (即陣列長度)。 【例】ary1.length　　　　// 4
isArray()	Array.isArray(ary) 回傳 ary 參數是否**為陣列**。 【例】Array.isArray(ary1)　　　// true
toString()	回傳陣列的**字串**。 【例】ary1.toString()　　　　// '1,2,3,4'
indexOf()	indexOf(item [,start]) 由左向右搜尋陣列**是否包含 item**，如果有就回傳該值的索引值；否則回傳 -1。start 參數可設定搜尋的起始索引，省略時預設為 0。 【例】ary1.indexOf(2)　　　// 1
lastIndexOf()	lastIndexOf(item [,start]) 由右向左搜尋陣列是**否包含 item**，如果有就回傳該值的索引值；否則回傳 -1。start 參數可設定搜尋的起始索引，省略時預設為陣列長度 - 1。 【例】ary1.lastIndexOf(3, 1)　// -1，只搜尋前兩個元素
concat()	var 新陣列 = 原陣列.concat ([item1 [, item2 [, …]]]) 可以在原陣列**新增元素**，然後回傳給新陣列。item 參數串列可以是元素、陣列或物件。 【例】var ary2 = ary1.concat(5, 6);　// ary2=[1, 2, 3, 4, 5, 6]
join()	join(separator)將陣列的元素值以指定 separator 分隔符號，依序**結合成字串**。未指定分隔符號時，預設以逗號「,」分隔。 【例】ary1.join('-')　　　　// '1-2-3-4'
slice()	var 新陣列 = 原陣列.slice([start[, end-1]]); 將原陣列中指定的**元素區塊**，複製成陣列回傳。start 為起始索引，end 為終止索引，若省略 end 表取到最後一個元素，若同時省略 start 和 end 時，表全部複製。 【例】var ary2 = ary1.slice(2);　　// ary2 = [3, 4]

屬性/方法	說明　【 設：var ary1 = [1, 2, 3, 4]; 】
splice()	var 新陣列 = 原陣列.splice(start, delete [,item1[, item2 [, …]]]) 可以**刪除**陣列元素並同時加入新的元素。執行 splice() 方法後會傳回一個陣列，其內容為所刪除的元素。 【例】var ary2 = ary1.splice(1,2);　　// ary1=[1,4]，ary2=[2,3]
sort()	將陣列的元素值由小到大**遞增排序**。 【例】ary1.sort()
reverse()	將陣列元素順序**反轉**。 【例】ary1.reverse ()　　　　　　　// [4, 3, 2, 1]
shift()	**移除**陣列中第一個元素，並回傳該元素值。 【例】ary1.shift()　　　　// 回傳 1，回傳後 ary1 = [2, 3, 4]
pop()	**移除**陣列中**最後一個元素**，並回傳該元素值。 【例】ary1.pop();　　　　　// 回傳 4，回傳後 ary1 = [1,2,3]
unshift()	unshift([item1 [, item2 [, …]]]) 將新元素加入到陣列的**最前面**，並回傳陣列的新長度。 【例】ary1.unshift(99) 　　　　// 回傳 5，回傳後 ary1 = [99, 1, 2, 3, 4]
push()	push([item1 [, item2 [, …]]])　 將新元素**加入**到陣列的**最後面**，並回傳陣列的新長度。 【例】ary1.push(99)　　// 回傳 5，回傳後 ary1 = [1, 2, 3, 4, 99]
forEach()	forEach(callback[, thisArg]); 會逐一**讀取**陣列元素，傳入並執行指定的 callback 函式。 【例】let sum = 0; 　　　　ary1.forEach(i => { sum += i;});　　// sum=10
find()	var 變數 = 陣列.find(callback[, thisArg]); 搜尋滿足指定函式條件的元素，找到時回傳第一個元素值；否則回傳 undefined。 【例】ary1.find(i => i > 1));　　　　　　// 2
findIndex()	var 變數 = 陣列.findIndex(callback[, thisArg]); 搜尋滿足指定**函式條件**的元素，找到時回傳第一個元素的索引值；否則回傳 -1。 【例】ary1.findIndex (i => i > 1));　　// 1

屬性/方法	說明　【 設：var ary1 = [1, 2, 3, 4]; 】
filter()	var 新陣列 = 陣列.filter(callback[, thisArg]); 建立一個新陣列，新陣列中是原始陣列中**符合指定函式**的元素。 【例】ary1.filter(i => i > 1);　　　// [2, 3, 4]
map()	var 新陣列 = 陣列.map(callback[, thisArg]); 建立一個新陣列，新陣列中是**經過指定函式處理**後的元素值。 【例】var ary2 = ary1.map(i => {return i + 10;}); 　　// [11, 12, 13, 14]

五. Math 物件

屬性/方法	說明
E	表自然對數的基底，數值約為 2.718。
PI	表**圓周率**，數值約為 3.14159。
abs()	abs(num) 回傳參數 num 的**絕對值**，即回傳數值的正數值。 【例】Math.abs(10)　　　// 10 　　　Math.abs(-10.5)　　// 10.5
ceil()	ceil() 回傳不小於參數 num 且最接近的整數，即**無條件進位**。 【例】Math.ceil(10.1)　　　// 11 　　　Math.ceil(-10.1)　　// -10
floor()	floor(num) 回傳不大於參數 num 且最接近的整數，即**無條件捨去**。 【例】Math.floor(10.9)　　// 10 　　　Math.floor(-10.9)　// -11
round()	round(num) 回傳參數 num **四捨五入後的整數**。 【例】Math.round(1.49)　　// 1 　　　Math.round(1.51)　　// 2
trunc()	trunc(num) 回傳參數 num 的**整數部分**。 【例】Math. trunc(10.9)　　// 10 　　　Math.trunc(-10.9)　// -10
min()	回傳參數串列中**最小**的數值。 【例】Math.min(1, 2, 3, 4, 5)　　// 1
max()	回傳參數串列中**最大**的數值。 【例】Math.max(1, 2, 3, 4, 5)　　// 5

屬性/方法	說明
random()	回傳介於 0 到 1 的**隨機浮點數**。 【例】Math.random()　　　　　　// 輸出 0 - 1 間的亂數
pow()	Math.pow(x, y) 方法回傳 x 的 y **次方**。 【例】Math.pow(2, 3)　　　　// 8
sqrt()	sqrt(num) 回傳參數 num 的**平方根**，若參數為負值回傳 NaN。 【例】Math.sqrt(9)　　　　// 3 　　　 Math.sqrt(-9)　　　　// NaN
cos()	cos(num) 回傳參數 num 的**餘弦值**，參數和回傳值單位都為弧度。 【例】Math.cos(0)　　　　// 1 　　　 Math.cos(Math.PI)　　　 // -1
sin()	sin(num) 回傳參數 num 的**正弦值**，參數和回傳值單位都為弧度。 【例】Math.sin(0)　　　　// 0 　　　 Math.sin(Math.PI / 2)　 // 1
tan()	tan(num) 回傳參數 num 的**正切值**，參數和回傳值單位都為弧度。 【例】Math.tan(1)　　　　　// 1.5574077246549023

六. Date 物件

方法	說明　【設：var day = new Date(2024, 10, 25 , 12, 34, 56); 】
Date.now()	回傳由 1970/01/01 00:00:00 到目前的**毫秒數**。
Date.parse()	Date.parse(str) 回傳由 1970/01/01 00:00:00 到時間字串 str 的毫秒數。 【例】Date.parse('1970/01/02')　　 // 57600000
Date.UTC()	Date.UTC(year, month [, date [, hours [, minutes [, seconds [, ms]]]]]) 回傳由 1970-01-01 00:00:00 UTC (世界標準時間) 到指定時間點的毫秒數。 【例】Date.UTC(2024, 10, 25 , 12, 34, 56, 168)); 　　　 // 1732538096168
toString() toUTCString()	回傳物件的(UTC)**日期時間字串**。 【例】day.toString() // 'Mon Nov 25 2024 12:34:56 GMT+0800 (台北標準時間) ' 　　　 day.toUTCString() 　　　 // 'Mon, 25 Nov 2024 04:34:56 GMT'

方法	說明　【設：var day = new Date(2024, 10, 25 , 12, 34, 56); 】
toDateString()	回傳物件的**日期**字串。 【例】day.toDateString()　// 'Mon Nov 25 2024'
toTimeString()	回傳物件的**時間**字串。 【例】day.toTimeString()); 　　　　// '12:34:56 GMT+0800 (台北標準時間) '
toLocaleString()	回傳物件**當地格式**的**日期時間**字串。 【例】day.toLocaleString() 　　　　// '2024/11/25 下午 12:34:56'
toLocaleDateString()	回傳物件當地格式的**日期**字串。 【例】day.toLocaleDateString()　　// '2024/11/25'
toLocaleTimeString()	回傳物件當地格式的**時間**字串。 【例】day.toLocaleTimeString()　　// '下午 12:34:56'
getTime()	回傳物件由 1970/01/01 00:00:00 起的**毫秒值**。 【例】day.getTime()　　　　// 1732509296000
getFullYear() getUTCFullYear()	回傳物件的 (UTC) **年份**。 【例】day.getFullYear()　　// 2024
getMonth() getUTCMonth()	回傳物件的 (UTC) **月份**，月份值為 0 (1 月) ~ 11 (12 月)。【例】day.getUTCMonth()　// 10 (11 月)
getDate() getUTCDate()	回傳物件的 (UTC) **日 (天)**，值為 1 ~31。 【例】day.getDate()　　// 25
getDay() getUTCDay()	回傳物件的 (UTC) **星期**，值為 0 ~ 6，0 表周日、1 表周一...其餘類推。 【例】day.getUTCDay()　　// 1
getHours() getUTCHours()	回傳物件的 (UTC) **時**，值為 0 ~23。 【例】day.getHours()　　// 12 　　　　day.getUTCHours()　// 4
getMinutes() getUTCMinutes()	回傳物件的 (UTC) **分**，值為 0 ~ 59。 【例】day.getMinutes()　　// 34
getSeconds() getUTCSeconds()	回傳物件的 (UTC) **秒**，值為 0 ~ 59。 【例】day.getUTCSeconds()　　// 56

方法	說明　【設：var day = new Date(2024, 10, 25 , 12, 34, 56);】
getMilliseconds() getUTCMilliseconds()	回傳物件的 (UTC) **毫秒值**，值為 0 ~ 999。 【例】day.getMilliseconds()　　// 0
getTimezoneOffset()	回傳當地與 UTC 的**時差**，傳回的值以分鐘為單位，台灣時區是 UTC +8，傳回值是 -480。 【例】day.getTimezoneOffset()　// -480
setTime()	setTime(ms) 設定由 1970/01/01 00:00:00 後的時間，參數 ms 單位為毫秒。 【例】day.setTime(1700000000000)
setFullYear() setUTCFullYear()	set(UTC)FullYear(year [, month [, date]]) 設定物件的 (UTC) **年份**。 【例】day.setFullYear(2023)　　// **2023**/11/25
setMonth() setUTCMonth()	set(UTC)Month(month [, date]) 設定物件的 (UTC) 月份，月份值為 0 (1 月) ~ 11 (12 月)。 【例】day.setUTCMonth(1)　　// 2024/**02**/25
setDate() setUTCDate()	set(UTC)Date(date) 設定物件的 (UTC) 日 (天)，值為 1~31。 【例】day.setDate(8)　　　　// 2024/11/**08**
setHours() setUTCHours()	set(UTC)Hours(hour [, min [, sec [, ms]]]) 設定物件的 (UTC) **時**，值為 0 ~ 23。 【例】day.setHours(21)　　　// **21**:34:56
setMinutes() setUTCMinutes()	set(UTC)Minutes(min [, sec [, ms]]) 設定物件的 (UTC) **分**，值為 0 ~ 59。 【例】day.setMinutes(48)　　// 12:**48**:56
setSeconds() setUTCSeconds()	set(UTC)Seconds(sec [, ms]) 設定物件的 (UTC) **秒**，值為 0 ~ 59。 【例】day.setSeconds(27)　　// 12:34:**27**
setMilliseconds() setUTCMilliseconds()	set(UTC)Milliseconds(ms) 設定物件的 (UTC) **毫秒**，值為 0 ~ 999。 【例】day.setMilliseconds(168) // 12:34:56.**168**

JavaScript 基礎必修課(含 ITS JavaScript 國際認證模擬試題)

作　　者：蔡文龍 / 張志成 / 何嘉益 / 張力元
企劃編輯：江佳慧
文字編輯：王雅雯
設計裝幀：張寶莉
發 行 人：廖文良

發 行 所：碁峰資訊股份有限公司
地　　址：台北市南港區三重路 66 號 7 樓之 6
電　　話：(02)2788-2408
傳　　真：(02)8192-4433
網　　站：www.gotop.com.tw
書　　號：AEL026700
版　　次：2024 年 03 月初版
建議售價：NT$500

國家圖書館出版品預行編目資料

JavaScript 基礎必修課(含 ITS JavaScript 國際認證模擬試題) /
　蔡文龍, 張志成, 何嘉益, 張力元著. -- 初版. -- 臺北市：碁峰
　資訊, 2024.03
　　面；　公分
　　ISBN 978-626-324-759-8(平裝)
　　1.CST：Java Script(電腦程式語言)
312.32J36　　　　　　　　　　　　　　　113001508